JN007908

Python データ分析 ハンズオンセミナー

小川英幸 OGAWA HIDEYUKI

日経BP

はじめに

本書は、データ分析とはどのようなものか具体的なイメージを作っていただくと同時に、実際にPythonと国勢調査のデータを使ってデータ分析を実践していただくための1冊です。データ活用に興味があって勉強を始めたものの、実際のビジネスにどう生かしたらよいかわからないという人が多いようです。データ活用がより活発になるよう、そういう人を後押しすることを目指しています。本書を通じて、実際にデータ分析を活用する企業・人が増えてほしいとの思いで執筆しました。

データ分析の解説では、なぜデータ分析に注目が集まるのかや、ビジネスで役立てるには何が必要なのかがわかるように執筆しました。ハンズオンのパートでは、国勢調査のデータを実際に取得し、前処理、可視化、分析の一連の流れを体験していただきます。また、ここでは数値情報のみでなく、緯度経度などの位置情報も扱い、地図にデータをプロットするような分析も紹介しています。この1冊を体験することで、小さな規模からでも皆さんのビジネスにデータ分析を取り入れていただければ幸いです。

本書を読んでいただく読者としては、次のような方を想定しています。

- データ分析もPythonも両方初めての方
- Pythonの入門本はこなして次にデータ分析をはじめたい方

主としては、少しでもPythonを勉強したことがある方を想定しています。でも、データ分析もPythonもどちらも初めての方にも本書で学んでいただけるように、Python入門の章も用意しました。また、お手軽に始めていただけるという点で、パソコンに開発環境を作らなくてもプログラミングが可能なように、Google Colabratoryを開発環境に採用したのも特徴です。

私の経験から言うと、プログラミングを始める人の最初の難関は、プログラミングそのものではなく、プログラミング環境を自分のパソコンに作れるかにあります。Google Colaboratry環境を使うというだけで、プログラミングを始めるハードルが著しく下がると感じています。プログラミング未経験でもぜひ、お気軽に本書でデータ分析を体験してみてください。

本書の構成は次の通りです。

Chapter 1　データ分析をビジネスに活かす
Chapter 2　オープンデータのすすめ
Chapter 3　Python入門
Chapter 4　分析に役立つライブラリ
Chapter 5　【ハンズオン】データの準備と前処理
Chapter 6　【ハンズオン】データの可視化
Chapter 7　【ハンズオン】戦略立案のためのデータ分析

Chapter 1ではデータ分析のビジネスにおける役割を明確にしました。Chapter 2ではオープンデータについて解説します。本書のメインテーマはデータ分析とプログラミングですが、裏テーマとしては政府などが発表している「オープンデータがビジネスに役立つ」ということを、皆さんに知ってほしいという点があります。そのためここでオープンデータの有用性を解説する章を作りました。

Chapter 3のPython入門では、分析のためのプログラミングの基本をコンパクトにまとめました。ここでPythonを使う理由、本書の開発環境であるGoogle Colaboratoryの環境設定、使い方、本書を読み解くためのPythonの基本文法を取り上げました。Pythonプログラミングに自信がない方や、またGoogle Colaboratoryにくわしくないという方は、Chapter 3を読んでください。PythonもGoogle Colaboratoryも問題ないという方は飛ばしていただいてかまいません。

Chapter 4では、今回の分析に役立つライブラリを紹介しています。本書のハンズオンでは地図にデータをプロットするプログラムについても解説します。そのために必須のライブラリを紹介しています。ぜひ、ハンズオンの前にChapter 4をご一読ください。

Chapter 5以降が、国勢調査の統計データと境界データを使った、“紙上ハンズオンセミナー” です。Chapter 5では、データを入手し、そのデータを分析に使えるように前処理します。Chapter 6でそのデータを可視化して、傾向を確認します。Chapter 7では、どの地域がビジネスに有利か確認するために統計データを作ります。本書のハンズオンを通じて、プログラミングできることの優位性、データを理解して新しいアイデアを作る過程、統計量のような身近なデータからでもデータ活用が始められることを示します。

ハンズオンをひと通り体験していただければ、データ分析でプログラミングの役立つ部分を理解していただけると思います。また、Pythonのデータ型や文法の実際の役割も分かっていただけます。一方で、本書は一通りのハンズオンをこなしていただけるように作成したので、文法・データ分析の全てをカバーできていません。文法・データ分析には、良書がたくさんあります。ぜひ、この本を読んで足りないと思われた部分があれば、他の書籍を手に取って取り組んでみてください。

本書に掲載したコードは、私のGitHub（ https://github.com/mazarimono/python-data-seminar ）から入手できるようになっています。GitHubが何かわからなくても、一度アクセスしてください。また、ご意見や間違いのご指摘などはIssuesからいただけますと幸いです。

遅ればせながら、著者の自己紹介をさせていただきます。私、小川英幸は、京都市で企業向けにデータ活用のお手伝いなどをさせていただく、合同会社長目（ちょうもく https://chomoku.info ）を経営しています。もともと金融業界で働いていたのですが、37歳のころにPythonをデータ分析に活用し始め、今に至ります（現在45歳）。プログラミングを遅く始めただけに、学び始めたころのこともよく覚えています。そこで、プログラミングを学ぶ過程でやってよかったことをご紹介しましょう。

プログラミングは写経からスタートする

本を読んだだけでは、プログラムは書けません。コピペして動作を見て満足していても、書けるようにはなりません。まずは、実際に自分でキーボードをたたいて写経しましょう。次は、そのコードの一部を変えてみてください。自分の想定と動作が違うようであれば、なぜなのか調べてみます。それをどんどん繰り返すうちに、知識が蓄えられていきます。

小さく始めて、実践と学習のループを回す

最初から多機能なプログラムを作ろうとせず、小さいところから始めることにより、実践と学習のループが回しやすくなります。プログラミングを学んだら、自分の作業の「ここは大した手間ではなく、手作業でもこなせる」というような作業に、プログラムを組み込みます。そうすると、次の課題が見つかります。そこで、学習してまた対応します。そうしてプログラムを作っていると、その便利さ、大変さを体験できるとともに、学んだことを活かせるようになります。

データ分析は統計、機械学習、AIのような部分に注目が集まりがちです。非常に興味深い分野である一方、これまで専門的に勉強してこなかった方が、そういった領域もプログラミングと同時に学びながら身に付けるとなると、時間がかかります。大変なことに対してやる気を持続するのは困難で、挫折しがちです。ビジネスで活用するという観点だと、本書の最後の方で行う統計量を活用するようなことからスタートするのもお勧めです。最初は簡単なデータ分析でも、PDCAのようにサイクルを回していけば、1年後にはかなり複雑な統計などを使っているようになるでしょう。

コミュニティに参加する

学習を続けるにあたっては、ぜひ仲間を見つけてください。プログラミング学習などのコミュニティはたくさんあります。そこにはすごいスキルと知識の持ち主がたくさんおられます。その方たちの話を聞いて、新しいことに触れ、刺激をもらいましょう。そして、新しいチャレンジを見つけて、実際に試してみましょう。

このような感じで、気軽に挑戦、実践してみてください。

本書は次の方々にレビューをお願いし、貴重なご意見をいただきました。drillerさん、岡本健太郎さん、湯原弘大さん、小島信一郎さん、熊田翔さん。ご多忙の中、レビューをいただき誠にありがとうございました。今後ともよろしくお願いします。

日経BPの方々にも、企画から出版までお世話になりました。作業が遅い私と、毎週ミーティングに時間を割いてくださった担当の仙石さんには、感謝しきりです。

家族にも感謝です。育ててくれた父、母。執筆期間、遊びたい盛りの子供の相手をしてくれていた奥さん。残りの夏休みは、子供と遊びに出かけることにします。

2023年7月　小川 英幸

PROFILE

小川 英幸　おがわ ひでゆき

合同会社長目（ちょうもく）Founder & CEO。1977年生まれ。滋賀大学経済学部経済学科卒。証券会社でトレーダー、アナリストとして勤務したのち、ビジネスでのデータ分析活用コンサルティング会社として合同会社長目を京都市で設立。企業データから衛星データまで幅広くデータを扱う。現在、浜松市の実証実験サポート事業で「オープンデータの利活用」に取り組んでいる。Pythonはデータ分析への活用のため、30代後半から始めた。

国内のPythonカンファレンスである「PyConJP 2019」および「同2021」で、参加者の印象に残ったトークのアンケートをもとにした「ベストトーク」でともに2位。「PyCon China 北京2019」にも登壇。日本証券アナリスト協会検定会員。

プログラミングコミュニティ「はんなりプログラミングの会」オーガナイザー。

Contents

目次

Chapter 1

データ分析をビジネスに活かす

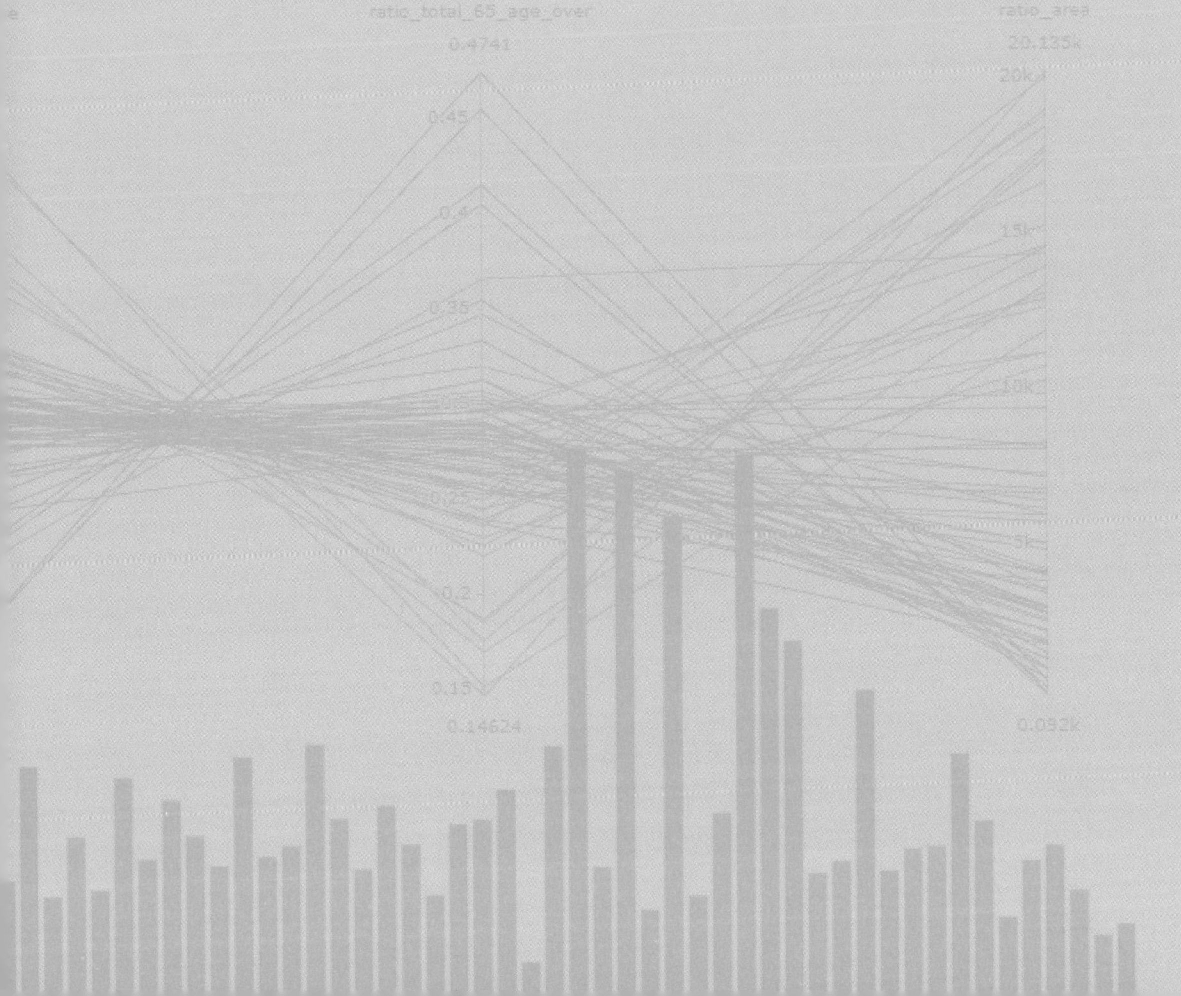

データ分析をビジネスに組み込むというような話をすると、高いコストをかけて何らかのシステムを導入する必要があることを懸念したり、それにより急激に収益が向上するようなイメージで期待をしたりといった、誤ったイメージを持つ方が少なからずいらっしゃいます。しかし、現実のデータ分析は地味な分析を重ね、時間をかけてビジネスを改善するツールだと私は考えます。決して高いコストが必要なわけではないし、打ち出の小槌を振ったかのように次から次へと売上高が増加することもありません。

データ分析の成功例として紹介される事例などでは、Webサイトのデザイン、たとえばボタンの色を変えることで収益が大きく増加したといったケースが取り上げられます。しかし、それは元々の売上規模が大きな企業だから、少しの割合の顧客の行動変化が生んだ収益の絶対値が大きかったにすぎないといったカラクリが潜んでいることもあります。

1億円規模の売上高の企業で、ボタンの色を変えて顧客の行動が10%変わっても、売り上げの増加分は1000万円です。粗利率が30%とすると、利益の増加は300万円です。あといくつか効果的な行動をとらないと、データサイエンティストが働いた分の人件費をまかなえません。

本書は、ご自分の会社や組織で、あるいは部署で、今後どうしていくかを考えるときに、データ分析を生かしていきたいというビジネスパーソンのために、どう考え、ツールを使い、分析するかを知っていただきたくてまとめた1冊です。皆さんがデータを扱うならば、その分析をビジネスに役立てることができない限り、分析する意味はありません。意味のある分析のために、どのようなデータを使えばいいのか、そのデータをどのように扱えばいいのか、役に立つ分析のためにどうデータを見ればいいのかを説明しました。ビジネスに役立つ分析を得るために、何をすればいいのかがわかるようにまとめました。

そこで第1章では、「ビジネスに役立つデータ分析」とはどういうことなのかを理解するために、その役割、できること、導入する場合の流れなどを解説します。

ビジネスにおけるデータ分析の役割

データ分析についてビジネスサイドの方と話していると、最も多く質問されるのが「データ分析は、当社のビジネスにどのようなことに役立つのか?」です。それだけ、データ分析がもたらすメリットはイメージしにくいようです。

ここではデータ分析のメリットを明らかにするために、データ分析の役割を明確にしたうえで、データ分析でできることについて解説します。できることが明らかになればメリットも明らかになります。そして、それはできないこと、すなわちデータ分析の限界を知ることでもあります。データ分析を正しく理解するために、データ分析について整理しておきましょう。

データ分析の役割

筆者はビジネスにおけるデータ分析の役割を次のように考えています。

ビジネスにおけるデータ分析は
「課題解決の場面で、自社に適した意思決定を行う確率を上げる」役割を担う

ここで注目していただきたいのは「自社に適した意思決定を行う」という部分と、「確率を上げる」の2点です。

自社に適した意思決定を行う

企業にはそれぞれの経営スタイルがあり、課題があります。自社の課題解決のためにマネジメント層は意思決定を行います。

以前から、意思決定のためにさまざまな情報が集められ、それらの可能性を検討して意思決定が行われてきました。一方で集められる情報は、外部の調査機関が作成した既存の分析レポートなどが主でした。そのため、自社のスタイルに合った分析を求めても、思うような分析結果を得るのは困難でした。

今は、多くの企業で経営資源や業務のデジタル化が進んだ結果、多くのデータ資産を持つようになりました。くわしくは後述しますが、官公庁のオープンデータを始め、自由に使えるデータも増えています。また、Pythonなどの分析ツールも容易に使えるようになりました。その結果、分析を自社内で行い、意思決定に役立てるという企業も増えてきています。

以前から意思決定には情報収集というデータ分析のような工程がありました。そのため、なぜ今データ分析が注目を集めるのか、従来の情報収集と何が違うのか、その違いが理解できない方もいるかもしれません。でも、ここまで見てきたように、企業を取り巻くIT技術の進化、たとえば安価に大量のデータが保存できるようになったり、分析ツールが容易に利用できるようになったりといった状況の変化により、各社それぞれが自社に適した分析をするための条件がそろってきたという点が以前との大きな違いなのです。言い換えれば、データから何が読み取れるかが格段に詳細になったと言えます。ここが、データ分析が注目を集める要因だと筆者は考えています。

確率を上げる

自社にカスタマイズしたデータ分析を行い、意思決定をしても必ずしもそれがいつもうまくいくわけではありません。しかし、データ分析により有利な決断に至る確率を上げることはできます。

今は消費者のニーズなどが変わりやすい時代と言われます。変化が多いと、経験に基づくカンが通用しない場面が出てきます。データを使わないと、正確な状況をつかみにくくなります。また状況が変わりやすいと、それに応じて意思決定回数が増えるはずです。

たとえるなら、魚群探知機を使って魚のいる場所を探りながら釣りをするか、直感のみを頼りに漁場を決めて釣りをするか、どちらが釣果を期待できるでしょうか。長期的には、事前に魚のいる場所を調べたうえで釣りをしたほうが、魚群探知機のコストを差し引いても良い結果になるのではないでしょうか。

何度もある企業の意思決定を、データ分析結果をうまく活用して確率を上げられれば、長期的に優位にビジネスを進めることができます。

データ分析の限界と対策

データ分析を意思決定過程に組み込むことで、自社に適した行動が選べる確率は上がります。これが「データ分析でできること」です。一方で、常に正しい意思決定を行うのは不可能です。ここではデータ分析の限界と、その限界を突破するための対策を検討します。

データ分析の限界には主に次の二つの要因があると考えます。

① 未来は不確実である
② 社内のデータ分析力にばらつきがある

②のデータ分析力にばらつきがあるというのは、主として同じ会社の中で部署あるいは人によって、データ分析力あるいはデータ分析への理解度に違いがあるという意味です。

この①と②について、もう少し掘り下げてみましょう。

未来は不確実である

データ分析が限界を持つ最も大きな要因は、未来は常に不確実としか言えないところにあります。そしてビジネスでは、その不確実な未来に対して意思決定をしなければなりません。一方、データ分析に使われるデータは過去のものです。もちろんそのギャップを埋めるためにさまざまな予測モデルが作られますが、それでもデータで考慮できる範囲での予測しかできません。

不確実性への対策は、将来の見通しを信用しすぎず、そういうものだという認識を共有し、ある程度の余裕を持つことです。

不確実性に不安を覚えたり、極端に嫌うような世の中も風潮もあります。そのため確実性を求めがちですが、逆に不確実性をうまく使うという発想も重要です。たとえばアイリスオーヤマの大山健太郎会長は著書の中で「ビッグチェンジにはビッグチャンスが到来します」と述べておられる通り[*1]、不確実性は飛躍的な成長の絶好の機会とも言えるのです。

データ分析力は収集、分析、思考のバランス

②のデータ分析力についても見ておきましょう。これもまた、データ分析を使った意思決定に限界がある要因になります。データ分析力が足を引っ張る要素には、以下のようなものがあります。

- 関係するデータを集めることができるか（データ収集能力）
- 数多くあるデータ分析手法から適切なものを選んで、的確な回答を導き出せるか（データ分析能力）
- 分析結果を意思決定者が正しく理解できるか（データ分析脳）

こうしたデータ分析にかかわる能力がどこかで欠けていると、正しい分析による最適な意思決定が実現できません。でも逆に言えば、ここで挙げたスキルを向上させることにより、企業全体でのデータ分析力を引き上げることができます。いずれかの能力だけを突出させても良い結果は産めません。データ収集力、データ分析力、データ分析脳をバランスよく向上させることが必要です。

たとえば、データ収集能力とデータ分析能力が際立つ外部のチームに分析だけ委託しても、意思決定部門が分析結果およびそれに基づくアイデアを評価できない場合、適切な判断を下せ

＊1　『いかなる時代環境でも利益を出すしくみ』（大山健太郎著、日経BP、2020年）より

ず、望ましくない結果しかもたらさないでしょう。この場合、外部の分析チームが持つデータ収集能力、データ分析能力が高い半面、企業側のデータ分析脳がそれに追いつけず、バランスが悪かったケースと言えます。

ここ数年、社員全員にデータ分析の学習機会を設ける企業が多くなってきています。会社のデータ分析力を向上させるという面から考えると、時間はかかるものの企業にデータ分析を確実に組み込むよい方法です。

企業としては、不確実な未来に対して成功の確率の高い意思決定をするため、データ分析を導入すべきです。それにはデータ収集能力やデータ分析能力だけでなく、そこから上がってくる分析結果を活用できるようなデータ分析に基づく思考、すなわちデータ分析脳も担保しなければなりません。

データ分析のプロセス

ここまでデータ分析がビジネスにどのように役立つのか、ビジネスに役立てるにはどんな能力が必要かということについて説明してきました。では、「データ分析」とは具体的に何を指す言葉なのか？ 何が「データ分析」なのか？ これは定まった定義があるわけではないため、あいまいなところがあります。

データ分析という言葉自体、広い意味から狭い意味まで幅を持っています。私の考えでは、おおむね次の３段階の幅があると見ています。

① データの統計処理・モデル作成のみ行う
② データの収集・前処理・統計処理・モデル作成を行う
③ 課題を抽出したあと、データ分析し、分析結果を意思決定に活用、行動結果を計測し、また課題抽出に戻る

①はデータサイエンティストと職業的には呼ばれる領域です。それよりも少し広い②は①に加えて、データの収集・前処理なども含みます。この②にあって①にない部分を担当する人をデータエンジニアと呼ぶこともあります。

③は、さらにビジネス上の課題を見つけ、ビジネスに活用するところまでをカバーした「データ分析」です。本書では、この③を「データ分析」であるとして執筆しています。そこまでできてこそデータ分析が意味を持つためというのが、その理由です。本書は、普通のビジネスパーソンに、普段の業務の中でもっとデータを活用してもらいたいという目的で執筆しています。自社の

課題は、所属する自分で日常の業務の中から見つけ出し、何が問題点か、どう解決していくのかを見つけ出す。それを意思決定ができる上司に提案し、会社を動かしていくというビジネスプロセスを、データ分析という科学的手法で実現していく。これをぜひ皆さんの手で実際にやっていただきたいと考えています。

プロセスは 5 段階

データ分析をどのように進めていくか。その流れを見てください。

図1-1　データ分析のプロセスとサイクル

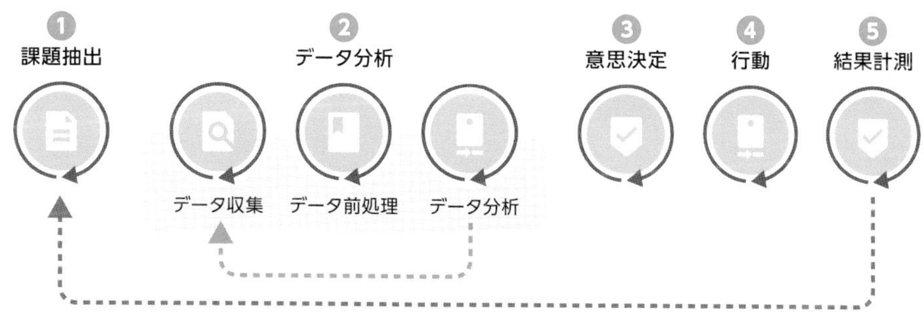

解くべき課題を抽出するのが最初のステップ。課題解決に向けた提案に必要なデータを集めて前処理、分析を行うのが第2のステップ。3番目が、それに基づいて意思決定する。次に、それを行動に移す（第4のステップ）。そして、最後にその結果を計測し、評価する。でも、それで分析プロセスが終わるわけではなく、第5のステップである計測と評価から、次の課題を見つけ出すという最初のステップに戻り、次の課題抽出から新しい分析プロセスが始まる——。始めは組織としてデータ分析に不慣れだったとしても、この一連の分析プロセスを繰り返すことにより、組織全体の成功の確率の高い行動が取れるようになっていくでしょう。

これを見て、これまでの仕事のフローとあまり変わらないと思う人もいるかもしれません。それはもっともだと思います。でもおそらくは、調査や資料作成部分にデータ分析が前面に出てくる点が大きく違います。科学的なアプローチに裏打ちされた分析結果が説得力を持つのです。

そのためにも、会社全体のデータ分析リテラシーを上げ、データを役立てられるようになることが大切です。

セミナーや勉強会、業務上のつながりなどを通じて、「ではどの工程が重要なのですか?」と質問されることがあります。その答えは「すべての工程が重要」です。それぞれのプロセスをくわしく解説していきましょう。各プロセスへの理解が深まれば、どれか特定のプロセスが重要というものではないことがわかるはずです。

課題抽出

ビジネスにおけるデータ分析で、最初に行うのは課題抽出です。ここでは「本当に解決すべき課題を、解決できる形で、明確に言語化すること」が重要です。

課題抽出がうまくできていないと、あとの過程でどれだけよい分析が行われても、よい意思決定を引き出せません。

架空の企業での話ですが、“よくあるダメなケース”を考えてみます。

ある企業で全体の売り上げが下がり始めた。経営陣は対策として、売り上げを伸ばしている営業担当部署のノウハウを営業セクション全体に周知し、共有するようにした。それと同時に、残業や休日出勤を黙認するなど、より多くの時間を当てる施策を取った。また既存商品のリニューアルやブラッシュアップなどにも取り組んだ。

その結果、売り上げは持ち直した。が、それも一時的で長くは続かず、しばらくすると売り上げは下がり始めた。それに対して経営陣は従来と同じ対策を強化したが、あまり効果は見られず、長期的には売り上げが大きく減少してしまった。

長期的に観察してみると、その企業だけでなく業界全体で売上規模が縮小していた。そのことに気づいたときにはすでに、営業部門、商品企画部門ともに疲弊し、財務的にも新たな手が打てる状況ではなかった。

このケースでは、売上減少の課題としてセールスの効率化と長時間化、商品の改善が抽出され、一時的に効果を示しました。一方で、長期的にはその市場自体が縮小したために、需要が減少していました。そのため、セールスや商品改善に力を入れてもその流れには逆らえませんでした。経営陣が一度うまくいった方法を繰り返すだけというのもよく見るパターンです。

この場合、財務的に余裕のある段階で「自社のいる業界全体の縮小」という現実と、「自社資産を活かした拡大市場への進出」という課題が明確に言語化され、対策が打たれていれば長期的な弱体化は逃れられたかもしれません。

このように、課題抽出の段階でもデータ収集、前処理、分析、意思決定という工程が必要になるケースが実際にはあると思っています。話題は若干飛躍しますが、ここでうまく活用できるビジネスインテリジェンスツール（BIツール）を社内に作れる組織は強いと考えています。

データ収集

課題抽出ができれば、その課題の分析に活用できるデータを入手する作業が始まります。データは社内で用意できるものもあれば、社外に求めなければならないものもあるでしょう。企業によっては、データ管理の要件などから社内のデータのほうが活用しにくいといったこともあるでしょう。必要なデータは何か。利用可能なデータはさまざまなものがあり得ます。どういうデータをどこから集めなければならないのか、検討する必要があります。

収集したデータは解決を目指す課題にかかわるものであるかどうかも、検討することが重要です。実際のところ、適切なデータが見つからないため、あまり関係のないデータを使って何とか分析しようとする場合もあります。そのようなデータでは、分析の段階で精緻なモデルを作成しても、分析結果はやはり実務には役立たないことが多いのは想像に難くありません。関連性の高いデータでなければ、有用な分析結果は得られないと考えておきましょう。

社内データに関しては、担当部署などからのヒアリングを通じて役に立ちそうなデータがあると聞いていたのに……というケースもあります。そうしたデータを活用できると想定していたものの、実際にはあまりに不定型なデータのため、プログラムで判読することができずに使えなかったというようなことも頻繁に発生しているようです。データの存在を確認したから使えるものとカウントするのではなく、まずは自社で採用する分析ツールで使えるかどうかを確認するところまでが準備です。

あてにしていたデータが使えないとわかった場合、新たに代替となるデータを検討しなくてはなりません。このため事前に、ある程度は追加データの収集、蓄積、維持コストも検討して織り込んでおく必要があります。

一方、社外のデータに関しては、他の企業から購入したり、オープンデータを活用したりといった方法が候補になります。

他の企業が提供しているデータの購入は、最初の選択肢には入りにくいと思います。データを日常的に使っていない業界の経営陣の場合、データの収集、蓄積、維持のコストに意識と理解がないためです。社内データの準備をする段階からこうしたデータ整備にかかわるコストを明確にしていれば、案外高くないものであるとの結論に至ることもあります。

本書ではChapter5〜7でハンズオン形式のデータ分析実習を提供しています。この中で利用するオープンデータは、政府が無料で活用できるように公開しているデータです。日本政府はさまざまな統計調査などの結果を公表しています。地方自治体なども同様のデータを無償で公開しているケースも増えてきています。まずはそれを使って自社の業務にどのようにデータが活用できるかを検討し、業務に組み込むのもよいでしょう。実際にオープンデータのみで分析の実績を重ねていくということでも、社内の認識と理解を深めていけると期待できます。「オープンデータだけで自社の戦略を決定できるような分析ができるのか」と思う人もいるかもしれません。でも、本書のハンズオンで分析結果を出してみるところまでやり切ると、オープンデータでも十分に有用な分析ができることがわかっていただけると思います。そうしたオープンデータにどのようなものがあるのか、どのくらい有用なのかについては、Chapter2「オープンデータのススメ」でくわしく説明します。

世の中には膨大なデータが存在します。このため、解決したい課題を明確にしたあと、適切なデータを探すのが効率的です。また、データの取得、保存、処理などにもコストがかかります。これも事前に明確にしておきましょう。

データ前処理

データを収集したあとの工程が、データ前処理です。データ前処理とは「データを分析に使いやすい形に整える」作業です。これは、分析用途により使いやすいデータの形は変わるため、購入したデータだからといって必要ないとか、社内データだから必要ないということではなく、データを扱うほとんどのケースで必要な作業です。また、前処理はデータ分析で最も時間がかかるプロセスでもあります。

前処理ではまず、データがどのようになっているかを確認して、データを分析に使いやすいように整えます。多くのデータで値のないところ（欠損値）があったり、不自然な値（異常値）があったりします。本来は数値であるはずなのに文字列が混ざっていたり、入力ミスと思われる変則的な値があったりというのが異常値です。これを放置したままだと分析用のプログラムがエラーで動作しない可能性があります。いや、エラーが出るなら要修正のデータだと気が付ける分だけマシかもしれません。もしかすると、望ましくない結果になってしまっているのに、それに気づかず分析を進めてしまい、適切な結論を導けないという可能性もあります。

前処理では、そうならないようデータを分析用に整形します。その際、欠損値をどういう値に置き換えるのか、異常値をどのように扱うかなどのルールを、あらかじめ分析チームで決めておくのが一般的です。その際、決定したルールはドキュメントにしておくといいでしょう。同じデータを別の分析で再利用するときなどに役立ちます。

膨大なデータを目視で確認するのは現実的ではありません。おかしな値を見つけて、それを修正する前処理用プログラムを使います。Pythonだとデータ分析用のライブラリであるpandasなどで、前処理機能が提供されています。やむを得ず目視で確認することもありますが、とてもつらい作業になります。できるだけプログラムでの処理のみで扱えるようなデータを探しましょう。

本書のハンズオンでは、Pythonのライブラリで提供されている前処理用の機能を使って、収集したデータに潜む未知の不備をどのように見つけ、修正していくかについてじっくり解説しています。前処理をどう進めていくのか、具体的な手順を読んで、ぜひやってみてください。

```
<class 'pandas.core.frame.DataFrame'>
RangeIndex: 10617 entries, 0 to 10616
Data columns (total 67 columns):
 #   Column                          Non-Null Count   Dtype
---  ------                          --------------   -----
 0   (KEY_CODE, Unnamed: 0_level_1)  10617 non-null   int64
 1   (HYOSYO, Unnamed: 1_level_1)    10617 non-null   int64
 2   (CITYNAME, Unnamed: 2_level_1)  10617 non-null   object
 3   (NAME,                          10541 non-null   object
 4   (HTKSYO                    _1)  10617 non-null   int64
 5   (HTKSAK                         192 non-null     float64
 6   (GASSAN                         152 non-null     object
 7   (T00108              詳」含む)        10617 non-null  object
 8   (T001082002, 総数０～４歳)          10617 non-null  object
 9   (T001082003, 総数５～９歳)          10617 non-null  object
 10  (T001082004, 総数１０～１４歳)        10617 non-nul  object
 11  (T001082005, 総数１５～１                  nul  object
 12  (T001082006, 総数２０～２                  nul  object
 13  (T001082007, 総数２５～２                       object
 14  (T001082008, 総数３０～３                  nul  object
 15  (T001082009, 総数３５                      nul  object
 16  (T001082010, 総数４０～４４歳)        10617 non-nul  object
 17  (T001082011, 総数４５～４９歳)        10617 non-nul  object
 18  (T001082012, 総数５０～５４歳)        10617 non-nul  object
 19  (T001082013, 総数５５～５９歳)        10617 non-nul  object
 20  (T001082014, 総数６０～６４歳)        10617 non-nul  object
```

値のある項目数が極端に少ないのがおかしい

数値(int64)ではなく文字列(object)になっているのがおかしい

図1-2

データの不備をプログラムで調べた結果の例。値がないところがあったり、数値のはずが文字列になっているところがあったりすることがわかる（くわしくはChapter5のハンズオンで）

頻繁に更新されるデータを常時活用して分析するといったフローになっている場合、手作業を入れるとミスが発生する可能性があり、そもそも作業する担当者の負担が大きすぎるため、手作業を入れるのは避けたいところです。このため、少ない作業量で利用できるデータを別途探すことも常に想定しておくべきでしょう。もし人手に頼らざるを得ない前処理が日常の分析に入るならば、その処理を日々こなすコストが発生することを織り込んでおく、サポート体制も整えておくといったことが必須になります。

また、データ前処理の作業は、分析のプロセスに入ったあとで、また同じような作業を繰り返す必要が生じることがあります。また、分析段階でデータを可視化したときに初めて見つかる異常値もあります。グラフやマップを作ることにより異常値を見つけやすくなるのは事実です。データの前処理は大変ですが、さまざまな技術が役立つ部分であり、データを使えるものにできたときに、大きな達成感が得られる作業です。ぜひ、Chapter5からのハンズオンでチャレンジしてみてください。

図1-3

ある都市の地域ごとの人口を棒グラフで示したところ。ソートされ、きれいにできたグラフに見えるが、縦軸の表示がおかしい。元のデータに不備がある可能性が高い（くわしくはChapter5のハンズオンで）

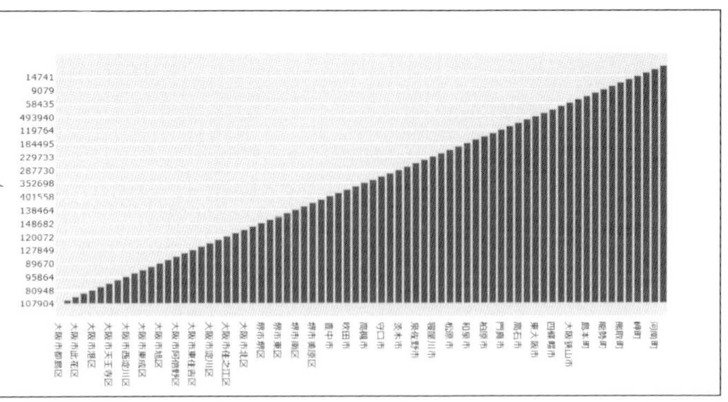

データ分析

もしかすると、このデータ分析の段階のみをデータ分析と思っている人がいるかもしれません。「データ分析」という言葉が持つ意味は幅が広いので紛らわしいですが、ここで扱うのは最も狭い意味での「データ分析」と考えていいでしょう。

このデータ分析は、データからパターンなどを見つける工程です。課題を解決するために、統計的な手法や機械学習などが使われたり、モデルが作成されたりします。

データ分析は試行錯誤が必要なプロセスです。最初はシンプルなロジックから試し、徐々に複雑にしていきましょう。たとえば、自社の商品がターゲットとする年齢層の割合が多い地域だと、販売数は伸びるのではないかと考えるのはわかりやすくてよいと思います。始めのうちはたくさんのパラメータで分析しようと欲張らず、こうしたシンプルなロジックの分析を積み重ね、それを適切に組み合わせることでより効果的なマーケティングを目指すような分析ができれば、社内での理解もプロジェクトの運用も進むでしょう。

複雑なアルゴリズムでしか、課題に対し効果的な分析が行えない場合は、課題設定まで立ち戻ることも検討しましょう。課題にもよりますが、そういう場合はいったん課題を見る角度を変えることで解決するケースがよくあります。

意思決定

データは分析できたら終わりではありません。その結果は、資料にまとめましょう。そのときに必要なのは、意思決定者が次に取るべき施策を決めるのに理解しやすい資料にまとめることです。

データ分析の結果から、課題に対する行動が決定されます。重要なのは多様な意見が出されることです。それらの可能性から、意思決定者は課題に対する解決策として何らかの行動を決定します。その決定は論理的なほうが好ましいかもしれませんが、未来は不確実であり、論理的な決定が必ずよい結果をもたらすとは限りません。

意思決定はさまざまな観点から行われます。たとえば、短期的には「この一手」が成功とは言えないものだとしても、長期的に見れば次につながるなど投資効果が高いと判断できるようなこともあるでしょう。そのあたりを考慮して、分析チームは資料を作って終わりと考えず、どのように意思決定がなされたかも含め、その後の経過も観察しましょう。その過程も何らかの形で記録しておくと、分析チームの振り返りなどに使えます。

行動・結果計測

課題に対する行動が決定したら、次にそれを実行に移します。行動に伴い、よい、悪いにかかわらず、何らかの結果が生まれます。そこで、分析、意思決定、結果をそれぞれ計測します。結果を計測すればよかった点、改善点が見つかります。それをフィードバックし次回以降の分析プロセスに生かします。失敗した意思決定は隠されがちですが、それこそよい学びに最適な材料です。失敗はそのあとに生かして、組織の長期的な価値向上につなげましょう。

以上がひと通りのデータ分析プロセスです。このプロセスを繰り返し、組織がデータ分析を活用した意思決定を活用し、行動していくというのが実際にデータ分析が有効に働いたときのイメージです。そして、データ活用が始まるとビジネスの多くの場面にデータ分析が組み込まれ、データの活用が広がっていきます。

本章では、ビジネス視点でデータ分析の役割、限界、プロセスを取り上げました。テクノロジーの発展により、オーダーメイドな分析が可能になり、それを活かせる組織には有効な手段であることがわかっていただけたかと思います。

一方で、オーダーメイドであるために、企業価値向上のためには会社全体でデータ分析に関する知識が必要であることも、お伝えしておきたいところです。これは何も特別なことではありません。技術を使いこなすのに一定の知識が必要なのは、データ分析に限らず、さまざまな場面で言えることなのではないでしょうか。

コラム

ハンズオンでのカバー範囲

ここまでデータ分析のプロセスについて紹介してきましたが、①課題抽出と③意思決定以降のプロセスは、ビジネスロジックに基づき進められるプロセスであり、業務の特性や会社の置かれた状況で大きく変わってきます。このため一般化が難しいところでもあるため、ハンズオンでは扱っていません。ハンズオンでは課題はすでに抽出されたという前提で、データを収集、前処理、可視化による分析を経て、意思決定に役立つような見せ方で分析結果をまとめるところまでを対象としています。

Chapter 2

オープンデータのススメ

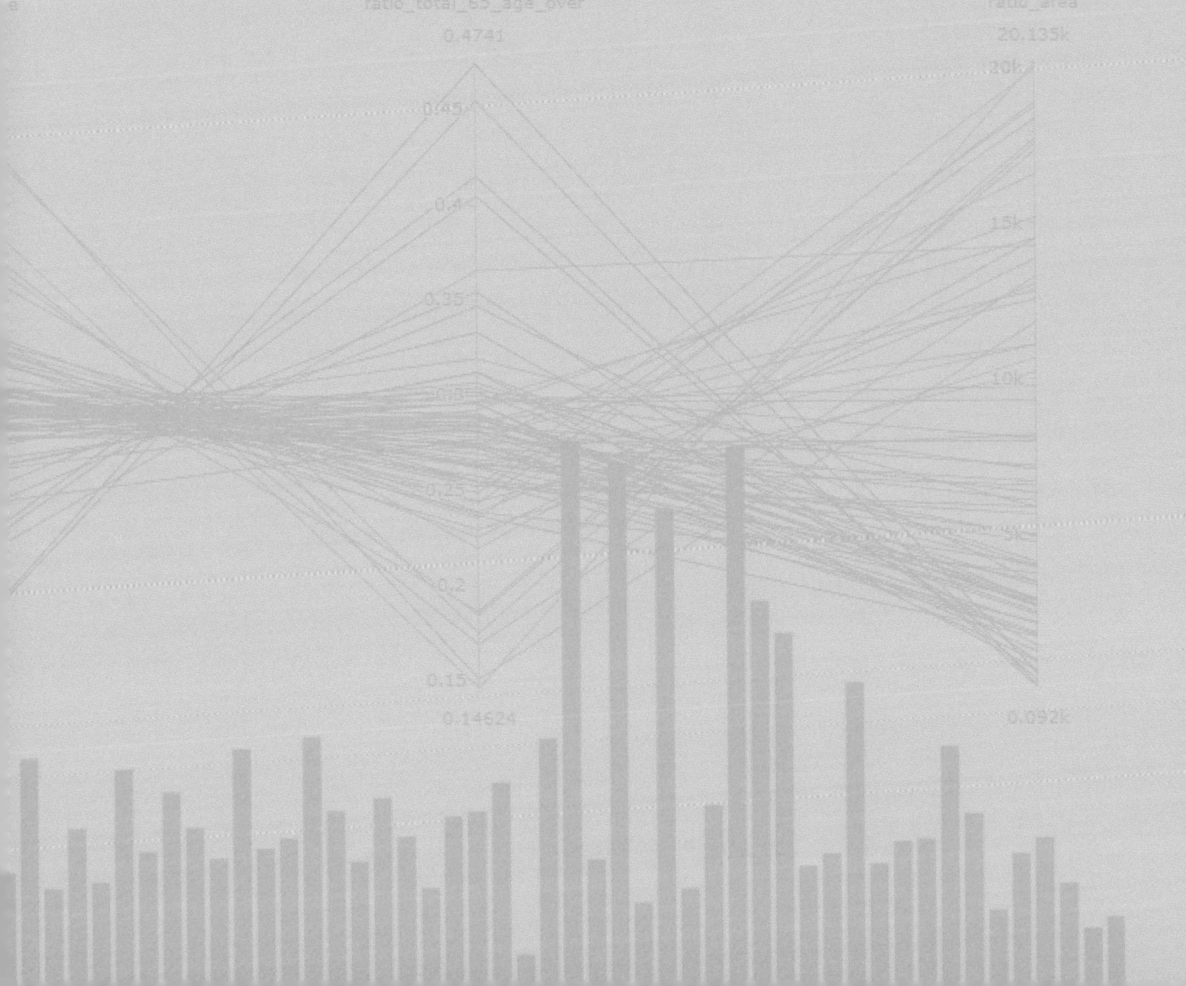

オープンデータは、さまざまな機関が収集した情報を整理し、公開してるデータです。オープンデータはプログラムによる機械判読も意識して作成されているため、データ分析に活用しやすよう整えられています。こうしたデータは、特に中小企業では自力で用意するのが難しい、外部環境の変化をつかめるデータであり、これを活用することで業務の効率化や企業価値の向上を見込めます。

現状、国内企業がどれほどデータを活用しているのか。そのデータも公開されています。総務省がまとめた情報通信白書に「日本企業におけるデータ活用の現状」という報告があります。

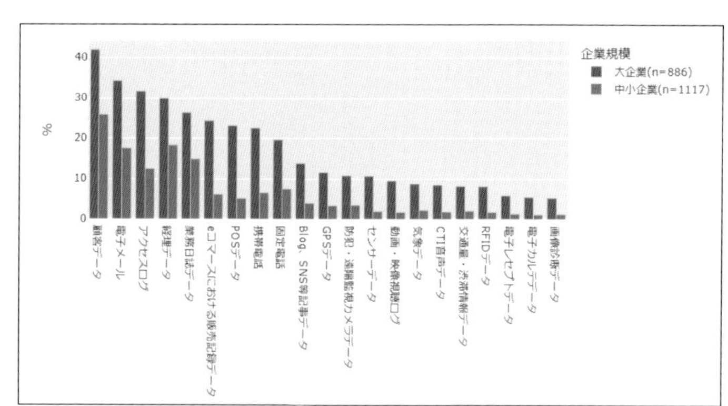

図2-1

企業規模別に見る、国内企業が分析に活用しているデータ。「総務省　令和2年情報通信白書　分析に活用しているデータ（企業規模別）」よりCSVデータを取得し筆者が作成

このデータは公開されており、誰でも参照、利用することができます[*1]。これを見ると、大企業、中小企業ともに顧客、経理、業務日誌、電子メールなど、自社で蓄積したデータを積極的に活用しているところが多いことがわかります。一方で、事業の効率化に役立ちそうな気象データや交通量のデータについては、特に中小企業ではほとんど活用されていないことなどが見て取れます。このことから、中小企業ではあまりオープンデータの活用が進んでいないのではないかと推測できます。

逆の見方をすれば、整備された役立つデータが手付かずになっているというのは、そうしたデータをまだ使っていない企業にとってチャンスです。なぜなら、そのデータを使って効率化や顧客の変化に合わせたマーケティングなどを検討、実施することにより、企業価値の向上を図れるからです。これは中小企業のみならず、大企業でも同様です。

本章では、読者の皆さんが自社の企業価値向上に使える可能性が高いオープンデータについてくわしく解説するとともに、企業での活用方法についても提案します。

＊1　「総務省｜令和2年版 情報通信白書｜日本企業におけるデータ活用の現状」
（https://www.soumu.go.jp/johotsusintokei/whitepaper/ja/r02/html/nd132110.html）

オープンデータとは

ここまで「オープンデータ」について、これが何かを説明せずに取り上げてきました。だから「オープンデータって何?」という疑問を持つ人も多いでしょう。オープンデータには国際的な定義があります。英Open Knowledge Foundationが公開した『OPEN DATA HANDBOOK』の定義*2です。これによると

> オープンデータとは、自由に使えて再利用もでき、かつ誰でも再配布できるようなデータのことだ。従うべき決まりは、せいぜい「作者のクレジットを残す」あるいは「同じ条件で配布する」程度である。

と定義されています。

総務省による定義*3も確認しておきましょう。

> 国、地方公共団体及び事業者が保有する官民データのうち、国民誰もがインターネット等を通じて容易に利用（加工、編集、再配布等）できるよう、次のいずれの項目にも該当する形で公開されたデータをオープンデータと定義する。
>
> 1. 営利目的、非営利目的を問わず二次利用可能なルールが適用されたもの
> 2. 機械判読に適したもの
> 3. 無償で利用できるもの

総務省の定義はOPEN DATA HANDBOOKの定義に沿ったものと考えられますが、より具体的でわかりやすくなっています。入手が容易で、営利目的でも無償で利用可能な状態で公開されている機械判読ができるデータがオープンデータであるとしています。

*2 「オープンデータとは何か?」(https://opendatahandbook.org/guide/ja/what-is-open-data/)

*3 「総務省｜ICT利活用の促進｜地方公共団体のオープンデータの推進」(https://www.soumu.go.jp/menu_seisaku/ictseisaku/ictriyou/opendata/)

オープンデータを入手する

次にどのようなデータソースがあるかについて見ていきましょう。オープンデータは、国内、海外を問わず、さまざまな機関から公表されており、誰でも利用できるようになっています。オープンデータが提供されているサイトはたくさんあります。ほんの一部ではありますが、主なものを紹介しましょう。

オープンデータのあるサイトの例

- IMF DATA　https://data.imf.org/
  世界各国のマクロ経済・金融データ
- OECD.Stat　https://stats.oecd.org/
  OECD加盟国の統計データが取得できる（2023年末まで）
- OECD Data Explore　https://data-explorer.oecd.org/
  OECD加盟国の統計データが取得できる（今後のデータ取得用サイト。βバージョン）
- e-Stat　https://www.e-stat.go.jp/
  日本の統計が閲覧できる政府統計ポータルサイト
- 国立社会保障・人口問題研究所　https://www.ipss.go.jp/index.asp
  日本の市町村などの将来推計人口

データの公開はさまざまな機関、あるいは国、都道府県、市区町村などで広く進んでいるため、本当に多数のデータソースは存在します。その中から、自分がかかわるビジネスで使えるデータソースを知っていると、自分でデータを活用するという観点から見て大きな強みになります。海外でのビジネス展開を考えているような場合でも、対象地域の状況をまとめたオープンデータを入手し、分析することができれば、ビジネス展開でかなり優位に立てる可能性が高まります。

そのため、いかにしてオープンデータと自社のデータを組み合わせて価値を生み出すかを考えることは非常に重要です。

オープンデータについての情報収集

インターネット上でたくさんのデータが公開されるほど、その全体像を知るのが難しくなります。どんなデータがあるかを確かめる作業を効率化したり、データに関する知識や活用の勘所を身に付けるためには、データを可視化したダッシュボードやデータを解説するブログを活用しましょう。ブログといっても、データの提供主体が公開しているデータの追加情報をブログ形式で提供しているサイトのことです。どのようなWebサイトがあるかをまとめてみました。

お薦めのダッシュボード

ダッシュボードとは、自動車のダッシュボードが計器類を効率よく並べて必要な情報をひと目で見渡せるようにしてあるのと同様、さまざまなデータをすぐに見て取れるようわかりやすく一覧で示す見せ方のことです。オープンデータの場合、どういう統計がどのような内容になっているのか、多くの場合、グラフなどの見てわかる形で提供されています。データの概要を知るのに便利です。

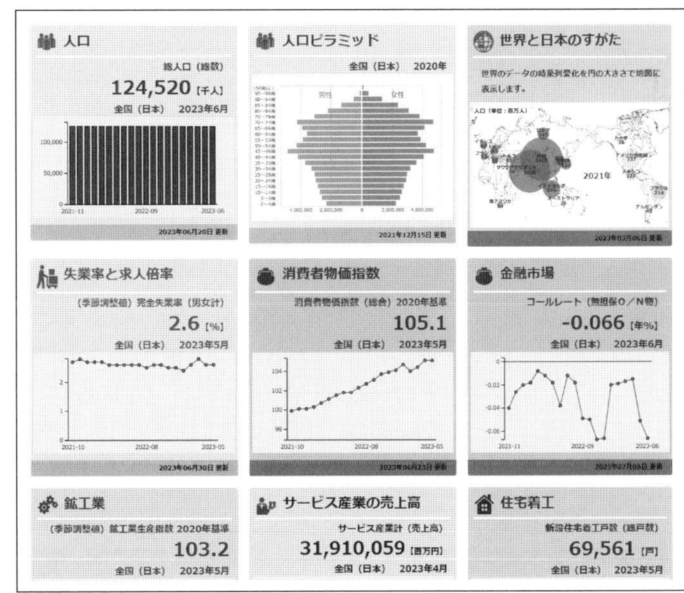

図2-2

総務省が提供する「統計ダッシュボード」(https://dashboard.e-stat.go.jp/)。e-Statsなどのデータを紹介している

ダッシュボードは多くのデータサイトで提供されています。ほんのごく一部ですが、国内外の代表的なダッシュボードを紹介します。

- IMF DATAMAPPER　https://www.imf.org/external/datamapper/datasets
  IMFが提供するデータを紹介するダッシュボード
- OECD Data　https://data.oecd.org/
  OECDが提供するデータを紹介するダッシュボード
- 統計ダッシュボード　https://dashboard.e-stat.go.jp/
  総務省が提供するe-Stat内にあるダッシュボードで、日本以外のデータも紹介している。図2-2で紹介したのは、このダッシュボード
- V-RESAS　https://v-resas.go.jp/
  都道府県のデータを観察できる
- 早わかり グラフで見る長期労働統計　https://www.jil.go.jp/kokunai/statistics/timeseries/index.html
  労働政策研究・研修機構が提供するダッシュボード

データを解説するブログや Web サイト

ダッシュボードだけでなく、データを実際に分析した記事やブログを提供しているサイトもあります。ダッシュボードを観察するだけでなく、一流のアナリストの分析を読みデータを理解することは、今後に役立つことでしょう。

- IMF BLOG Chart of the Week　https://www.imf.org/en/Blogs/chart-of-the-week
- OECD Data insights　https://www.oecd.org/coronavirus/en/data-insights
- V-RESAS 解説コラム　https://v-resas.go.jp/articles

3番目のV-RESASは、内閣官房デジタル田園都市国家構想実現会議事務局と内閣府地方創生推進室が提供するサイトです。e-Statとも異なるデータ、たとえば人流を示す移動人口やデジタル人材の求人動向などのデータを提供しています。上記のページは、そのV-RESAS上で提供されており、さまざまなデータを取り上げ、そこから読み取れることを解説しています。どういうデータから、どのようなことが読み取れるのか、データの勘所を養うのに適したサイトと言えます。

データ分析のお手本から学ぶ

このようなダッシュボードやブログは、次のような用途に活用できます。

- データが自分の意図通り使えるかの事前確認
- データのトレンドを理解する
- 理解しやすいデータ可視化方法を学ぶ

それぞれについて、もう少し解説しておきましょう。

まず、「データが意図通り使えるかの事前確認」についてです。やってみればすぐにわかることなのですが、データ探しは実に大変な作業です。データが見つかっても、そのデータが本当に自分たちに必要なデータなのか、自分たちが参照したい期間をカバーしたデータなのかは分析の前に確かめなければなりません。目を付けたデータに、自分たちが焦点を当てたい地域のデータがあるか、いちいちダウンロードして確認するのは手間でしょう。ダッシュボードがある場合、そのサイトで提供されているデータについての詳細な内容を参照したり、グラフなど可視化された状態でデータを見たりといったことができます。

次の「データのトレンドを理解する」というのは、利用するデータがこれまでどのように変化してきているのか、その推移があらかじめわかっていることが重要という意味です。こうした推移を頭に入れておくと、分析やプレゼンテーションがはかどります。

たとえば、日本の人口データを扱う際には現状のみでなく、最近減少に転じたことや高齢人口が多くなっていることは、データを扱う前に知っておいたほうがよいでしょう。常識としては知っていても、データにどのように表れているのかを事前に目で見ておけるというのは意外に後々の工程で役立ちます。また、他国との比較、たとえばインドにターゲットを置いた分析をする場合、人口が日本の“10”倍以上で“若者の割合が高い”ことなども頭に入っていると、分析結果を意思決定用のプレゼンテーションにまとめるときに有用な情報になります。直接プレゼンテーションに盛り込むことはなくても、そういった事実が頭にあるかないかで、プレゼンテーションの深みが変わってくるものです。

最後の「理解しやすいデータ可視化方法を学ぶ」というのは、「見せ方を学ぶ」と言い換えてもいいでしょう。

データの特徴を理解しやすい形に表すのがデータ可視化ですが、ノウハウを知らないと、データをわかりやすく可視化するのは困難です。これらのダッシュボードやブログ記事は、適切な可視化の宝庫です。ここから、そうしたノウハウを仕入れるとよいでしょう。特に探しているデータがないときでも、見せ方を学ぶために普段から目を通しておくことをお薦めします。このノウハウを蓄積することで、社内でデータ分析の結果を伝える際、わかりやすく可視化することができるようになります。それにより参加者の分析結果への理解度も上がり、内容に関する議論も深まるでしょう。それは「いい分析をしてくれる」という評価にもつながります。

ビジネスにオープンデータを役立てる方法

オープンデータは、以前は全体の大まかな方向感のみを示すデータが多いという傾向がありました。最近はさまざまな角度から集計されたデータが増え、細分化した地域のデータが用意されたり、年齢別や収入別の細かい階層に分けた傾向が確認できるようなデータも公表されるようになっています。さらに、現状では研究目的のみの利用ですが、統計調査の調査票情報を匿名化したミクロデータなども、国内での提供が始まっています。

こうしたオープンデータをどのようにビジネスに活かすか。筆者は次のような使い方が、オープンデータに向いていると考えます。

- マーケティングや戦略を立案する
- 業界動向から自社の位置付けを知る
- 自社データがそろう前にデータ活用を進める

それぞれについて見ていきましょう。

マーケティングや戦略を立案する

ビジネスで最も重要なのは顧客を知ることです。その意向や需要を知ることで、自社の商品開発に反映させたり、地域別の経営戦略を立てたり、店舗の出店方法を検討したりすることはとても重要です。

本書のハンズオンで扱う国勢調査のデータは、5年ごとの調査を集計したデータで、地域ごとの年齢別人口や就業している職業の業種などを提供します。企業は、国勢調査のデータを使うことにより、地域の変化や他地域との違いを踏まえた経営戦略やマーケティング戦略を適切に立てることができるようになります。

もっと早く人口の変化を知りたい場合は、市区町村などが月ごとに人口を集計していることがあるので、それを補完的に活用できます。

消費者の動向を調べたい場合は、家計調査が使えます。家計調査には、所得別、年齢別、職業別などで集計されたデータもあり、より細かい消費者動向を分析できます。

このようにさまざまなオープンデータがあります。そのうち1種類をじっくり分析することもできるでしょうし、複数のオープンデータを組み合わせて分析することもできます。自社の課題に沿ったデータを適切に選ぶことで、自社内でデータを分析し、情報をまとめてマーケティングに生かすことができるでしょう。何も情報がない状態でビジネスを展開するよりも確実によい効果を期待できます。

業界動向から自社の位置付けを知る

オープンデータは、業界動向や大企業の動向と比較することで、自社経営が適切かどうかを確認したり、自社の実力を見極めたりといったことにも活用できます。これには、法人企業統計調査や上場企業の決算短信、有価証券報告書、月次報告などが利用できます。

法人企業統計調査は、四半期ごとに営利法人の活動実態を把握するために行われる調査です。この情報を活用することにより、日本企業の全体的な業種別の売上高や利益の動向などが確認できます。

上場企業の決算の報告書は、各企業のWebサイトで公開されています。数値データはもちろんのこと、大企業が分析した課題とその対策なども知ることができます。そのような情報を読み込むことで、自社内の動向分析だけでは見えてこない課題をつかむこともできるようになります。また、月次情報のような速報を使うことで、業界動向や市場の変化をいち早く入手できることもあります。

自社データがそろう前にデータ活用を進める

データ活用をこれから始めようとする企業が直面する課題が、社内に分析に活用できるデータがないことです。まずはデータを1年くらい蓄積して、それから本格的にデータ活用に取り組むといった方針を取れるかというと、なかなか難しいことも多いでしょう。経営や業務にかかわる数字は蓄積されていても、それを必要に応じて分析用に取り出せるかというと、そうはなっていない会社が少なくありません。データを利用するためには、それなりの基盤が社内に必要になります。

それが整う間、データ分析について社員教育だけを進めていくのもいいですが、実践なく学習だけというのは、効果が上がりにくいものです。

さしあたり自社内のデータは使えないとして、そういう場合でもオープンデータを使って戦略立案や市場分析などに活用するというところからデータ分析を始めてはどうでしょうか。オープンデータをデータ分析の中心に据え、ノウハウおよび分析結果の蓄積を図ります。それにより、社内のデータ分析力、活用力を上げながら、社内のデータ基盤の整備を待ちます。そうすることで、自社のデータ資産の活用に備えられます。

オープンデータだけでも、十分に有用な分析は可能です。本書のハンズオンでは、リアルなデータ分析を実際にやってみるという目的に加えて、オープンデータだけでも自社の戦略立案に役立つ分析結果を導くことはできることも証明しようと思います。自社に密接したデータではないからと侮らず、ぜひオープンデータの実力にも触れてください。

Chapter 3

Python 入門

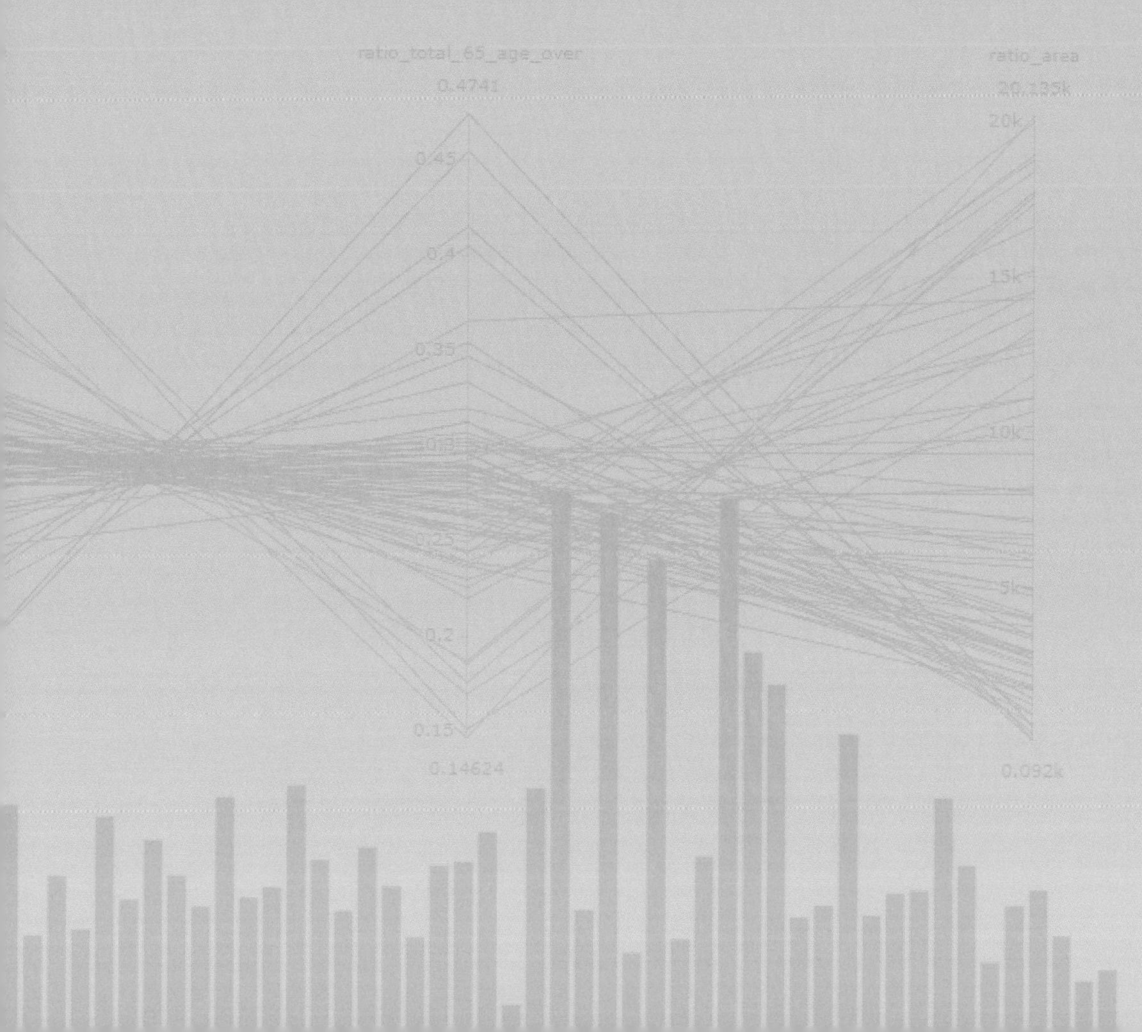

プログラミングの必要性とPythonである理由

本書ではPythonによる分析手法を紹介します。Pythonを使うということは、プログラミングの知識とPythonの文法を覚える必要があります。一方で「データを分析するだけならばExcelでもできるのではないか」と疑問に思う人もいるでしょう。

本章ではプログラミング未経験者、初学者の方向けに、まず、プログラミングを学ぶ利点や数あるプログラミング言語の中でもPythonを選ぶ理由を解説します。そのあと、本書で活用するGoogle Colaboratory（Colab）の使い方を取り上げ、最後にPythonの基本的な使い方を簡単にご紹介します。Pythonの使い方としては、本書のハンズオンを読むうえで知っておきたい部分にのみ焦点を当てました。もしもっとPythonについて知りたい、Pythonについて総合的に学びたいという場合は、本章とは別に、Pythonの入門書も参照することをお勧めします。

プログラミングを身に付ける利点

まずはじめに、プログラミングを身に付ける利点について説明します。私が考える利点は次の3点です。

- たくさんのデータを迅速に処理できる
- デジタルツールをより便利に使える
- 開発関連の便利ツールを日常業務に応用できる

それぞれ具体的に説明します。

メリット 1

たくさんのデータを迅速に処理できる

これがデータ分析でプログラミングを使う最大のメリットです。プログラムを使うことにより、たくさんのデータも迅速に処理できるようになります。電気料金が大幅に上昇し、コンピュータの利用自体に支障が出るようなことでもない限り、このメリットがなくなってしまうことはないでしょう

確かにExcelでもデータを迅速に処理できます。ただし、Excelが扱えるデータには限界があります。たとえばレコード数（行数）には仕様上の上限があり、それは約100万行です[*1]。しかも、大量のデータが記録されたExcelファイルを開き、そのデータに対して分析用の計算をさせるとなると、処理能力の限界もあるでしょう。パソコンの性能にもよるでしょうが、一定のデータ量を超えると「いつまで経っても計算が終わらない」ことになってしまいます。

データ量がそれほどでもないならばExcelで、よほど少なければ手計算でという使い分けもできるでしょう。でも、どういう課題が発生してどのようなデータを扱うかは、個々の案件によります。Excelでは扱えないデータ量を使った分析が避けられない場面は必ずあります。業務の一環としてデータ分析を効率的に行いたい場合、コンピュータが強い処理はプログラムに処理させ、人はその強みのある部分に注力すべきでしょう。

メリット 2

デジタルツールをより便利に使える

残るポイントは、データ分析に限ったことではありません。本書はデータ分析をするためにプログラミングを手段として使います。もし、プログラミングはまだ勉強していないという人に対しては、プログラミングがデータ分析に必須であることに加えて、他の場面でもメリットがあるということもお伝えしたいと思います。

そこで2番目のメリットです。すでに世の中には便利なデジタルツールがたくさんあるため、自分でプログラムを作れるようになる必要はないと思っている人もいるでしょう。しかし、そのデジタルツールはパソコンやスマートフォン、もしくは組み込み機器などのアプリケーション、つまりプログラムとして動作しています。そのため、プログラミングを学んで理解を深めていくことにより、自分がユーザーとして普段使っているアプリの動作を理解するのにも役立ちます。

また、主としてインターネットなどを通じて、さまざまなサービスやデータを利用できるような

＊1　Excel 2013以降の場合、最大で1,048,576行。

機能（API＊2）が提供されており、利用者のツールを別途プログラミングで拡張することにより、より便利に活用できるといった利点もあります。

メリット ❸

開発関連の便利ツールを日常業務に応用できる

プログラミングに関連したツールにはかなり便利なものがたくさんあり、プログラミング以外にも応用できるものも少なくありません。こうしたツールはプログラマーや開発者向けに作られているため、一般に広く使われているわけではないでしょう。また、利用するためには多少なりとも覚えなければならないことがあるのは事実です。

でも、ちょっと使い方を工夫することで日常的なオフィス業務に役立てられるものもたくさんあります。

代表的なものが、オープンソースソフトウェア（OSS）のバージョン管理システムGitです。ソフトウェアの開発では、複数のプログラマーが参加するプロジェクトになっていることも多く、各人がそれぞれ同じプログラムの別の部分を担当して共同作業するケースがあります。そうした場合に、変更した部分を過不足なく反映するためのツールとして、Gitは幅広く開発の現場で使われています。

これを、たとえばビジネス文書を共同で作成するときに応用することができます。複数のメンバーで文書ファイルを作っていくよう場合、誰がどの時点でどの部分のテキストを執筆したかを把握するのは簡単なことではありません。その結果、さまざまなバージョンの文書がそれぞれのメンバーのパソコン内に存在することになり、どれが最新のファイルなのかわからなくなるというのはよくある事態です。「最新のファイル」があればまだいいほうかもしれません。ある部分の記述はこっちのファイルに書き換えてあるけれども、別の部分の記述は別の場所にあるファイルが最新になっており、どのファイルを見ても古い記述と新しい記述が別々に混在してしまって、最新の状態にまとめることができないといったことも経験したことがあります。そうしたときに、ソフトウェア開発のツールであるGitをうまく利用できれば、かなりの確率でそうしたトラブルを防ぐことができるでしょう。

Git以外にも、プログラミングを学ぶ過程で使うようになったツールや身に付いた開発手法、論理的思考などが、普段のビジネスに役立つ場面も多いと思います。

＊2　Application Programming Interfaceの略。プログラムが別のコンピュータ上のプログラムやデータを利用するための仕様のこと。APIに則ったプログラムを使うことで、別のサーバーなどのリソースを外部から利用できる。

Pythonを身に付ける利点

本書では、Chapter5以降のハンズオンでPythonを使ったデータ分析の事例を取り上げています。プログラミング言語は数多く存在します。その中でも本書ではなぜPythonを選んだのか、皆さんにお勧めするのがPythonなのはなぜなのかについて説明します。

Pythonの利点は次の2点と考えています。

- 記述がシンプルでコードが読みやすい
- ライブラリが豊富

順にもう少しくわしく掘り下げていきましょう。

メリット 1

記述がシンプルでコードが読みやすい

Pythonはコロン、セミコロンなどが少なく、コードが読みやすく、わかりやすいのが特徴です。これが、他の多くの言語よりもPythonが入門段階で取り組みやすい言語である理由です。

具体的にはインデントが挙げられます。Pythonでは4個のスペースで作るインデント（文字下げ）でコードブロックを区別します。コードブロックは、複数のコードで記述する一定の処理のかたまりのことを指します。このインデントがあることで、コードの可読性が高くなっています。

実際のコードを見てみましょう。まだPythonのことをよく知らないという人は、何と書いてあるかは気にする必要はありません。字下げしてコーディングしてあるところを鑑賞してください。

コード3-1　インデントによりコードブロックがひと目でわかる例

```
01  def print_0_to_10(n: int=11):
02      for i in range(n):
03          print(i)
```

このコードは、0から10までの数値を順に表示する関数を記述したものです。1行目で関数の名前（print_0_to10）と引数（n）*3を定義しています。

2行目以降は関数の処理を記述しています。2行目は、3行目の処理を繰り返し行うコードです。このコードにより引数として受け取ったn（整数）をもとに、0からカウントを始めてn-1になるまで順番に繰り返します。繰り返すのはそれ以降の行なのですが、このコードでは3行目しかコーディングされていません。このため、3行目の処理を繰り返すことになります。どういう処理かというと、その時点で繰り返し用のカウントはいくつかを表示するという処理です。

ここで、1行目に対して2行目が1段階（4文字分）下げてあり、3行目ではその2行目に対してさらにもう1段階インデントされているところに注目してください。このようにインデントを追うことで、その行がどういう役割は位置付けで記述された行なのかを追っていくことができるのです。

メリット 2

ライブラリが豊富

ライブラリとは、特定の作業を行うために作られた再利用可能なコードです。多くの場合、たくさんのプログラムで構成されています。

たとえばデータ分析で言えば、大量のデータから統計学的に集計したり、集計結果をグラフで示したり、それを地図上に表示したりといった処理は、多くの分析プロジェクトで必要となります。それを個々の分析をするたびにすべてゼロから記述するのは時間と手間の無駄です。多くの人が利用するプログラムは、あらかじめよく使われるプログラム用の“部品”として用意しておくのが使い勝手がよくなります。それがライブラリです。

Pythonは、標準で提供されるライブラリおよびサードパーティーにより提供されているライブラリがいずれも豊富に用意されています。多くのライブラリが存在するため、用途に適したライブラリが見つかれば、自分でコードを書かなくても、容易にやりたいことができます。

標準ライブラリは、Pythonに同梱されているライブラリです。日付や日時を扱うためのdatetimeや、正規表現でのフィルタリングを可能にするreなど、Pythonを導入するだけでたくさんのライブラリが使えるようになっています。これ以外にもどういうライブラリが用意されているかは、Pythonの公式サイト*4の標準ライブラリのページで確認できます。

＊3　この関数では、引数の初期値に11を与えるようコーディングしています。

＊4　https://www.python.org/

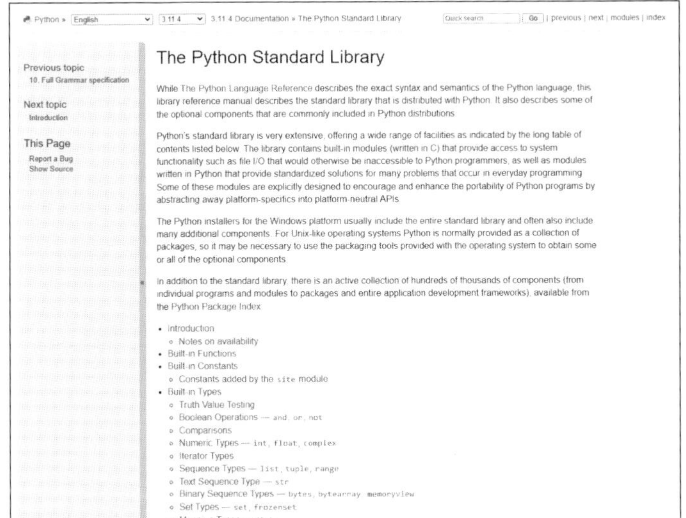

図3-1

Pythonの公式サイトで標準ライブラリの構成と内容を確認できる（https://docs.python.org/3/library/index.html）

Pythonには標準ライブラリとは別に、Pythonを使っているプログラマーが作って公開しているライブラリがあります。これをサードパーティ・ライブラリもしくは外部ライブラリと言います。Pythonは利用者が多く、コミュニティを作って活発に情報交換やコードの検討などが行われています。こうしたPythonコミュニティ発のソフトウェアとして、外部ライブラリが提供されています。

Pythonにはこうした外部ライブラリを簡単に導入するための仕組みとして、pipというインストーラが標準で提供されています。これにより、プログラマーは自分が開発しようとしているソフトウェアに合わせて必要なライブラリをすぐにインストールして利用することができます。

外部ライブラリがたくさん公開されているのもPythonの特徴です。本書でもChapter5からのハンズオンで、ラベル付き表データを扱うpandasや、グラフライブラリplotly、インタラクティブな地図ライブラリfoliumなどを利用します。いずれも皆さんが今後、自分でさまざまなデータ分析を行う際にも有用なライブラリばかりで、恐らくは頻繁に使うことになるでしょう。

たくさんのライブラリがあることにより、ソフトウェアを多機能にすることが容易というだけでなく、開発も効率的になります。

一方、便利だからといって外部ライブラリを際限なく使って開発するというのはお勧めできません。ライブラリ側のバージョンアップにより提供されているAPIがなくなったり、急に大きく仕様が変わってしまったり、場合によってはライブラリの更新や提供が止まってしまうこともあるためです。そのようなことが起こると、のちのち大きな手間が発生する要因になります。そのため継続的に利用するプログラムに関しては、サードパーティーライブラリは慎重に考えて導入する必要があります。

プログラミング環境を作る

本書では、プログラミングが初めての方でも容易に利用できるプログラミング環境として、Google Colaboratory（以下Colab）の利用をお薦めします。これ以降、本書で紹介するコードは、Colabに入力して実行することを前提に解説します。

私が初めてプログラミングに取り組んだころ、最も困ったのはプログラミングの理解ではなく、自分のパソコンでPythonを動作させる環境を作ることでした。環境の構築に苦労しながら、どうにかこうにかPythonを動かせるようになった経緯は、今ではよい思い出ですが、忙しいビジネスパーソンにとってはプログラミングを諦める大きな理由となります。

ColabはGoogleアカウントを作成すれば、WebブラウザでPythonを実行できるサービスです。Googleアカウントはすでの持っている人も多いでしょう。Pythonを本書で動かしていただくには、打ってつけのサービスです。もし本書でプログラミングに初めて触れるということならば、Colabから始めてみてください。

もちろんすでにPythonの環境を構築しているという場合は、ご自分の環境でコードを動かしていただいたかまいません。ただし、本書ではColabが提供する環境でプログラムを実行することを前提にしており、コードについては環境に応じて個々のコードを1ファイルにまとめるようなアレンジが必要になることがあります。その場合はご自分の判断でコードを改変してください。

Colabでプログラミング環境を作る

では、Colabでプログラミングする環境を作っていきましょう。まずは、普通にGoogleにアクセスします（https://google.com）。ログインを求められた場合は、メールアドレスとパスワードを入力してログインしてください。Googleアカウントを持っていない場合は、この段階で作成します。

アカウントにログインできたら、ページ右上の「Googleアプリ」メニューから「ドライブ」（Googleドライブ）を選択してください。

図3-2
「Googleアプリ」メニューから「ドライブ」を選んでGoogleドライブを開く

Googleドライブのページに切り替わったら、本章の作業用のプログラムを保存するフォルダを作りましょう。ページ左上にある「新規」ボタンを押し、開いたメニューから「新しいフォルダ」を選びます。

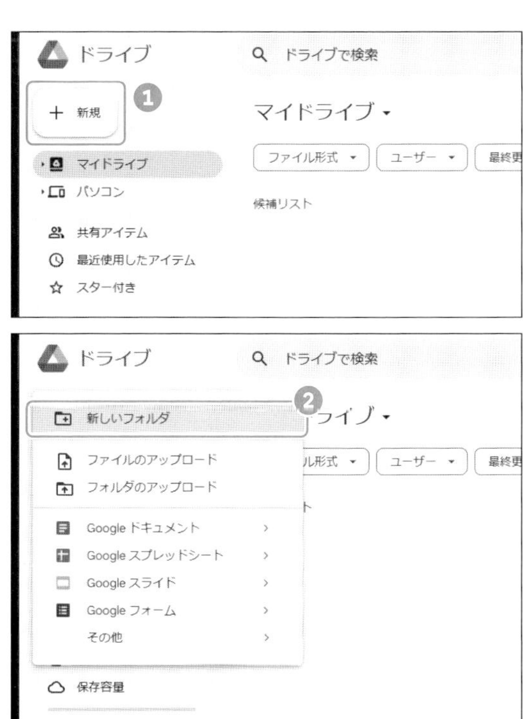

図3-3
ページ左上の「新規」ボタンから新しいフォルダを作成する

フォルダ名を指定する画面が表示されます。フォルダ名は任意の名前でかまいません。ここでは「作業用フォルダ」としました。

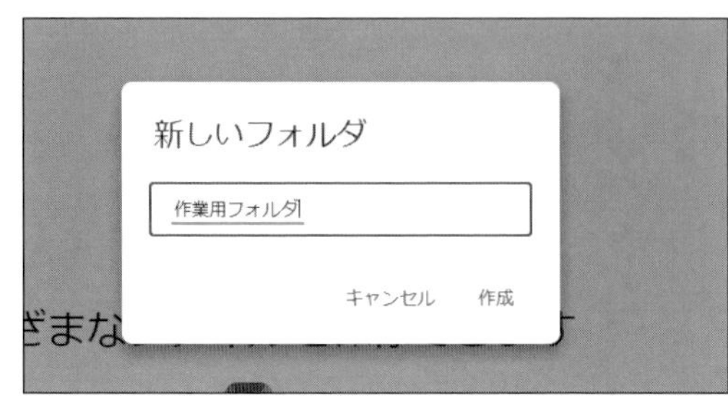

図3-4

フォルダ名を指定する。ここでは「作業用フォルダ」とした

Colab アドオンのインストール

画面の指示に従ってフォルダを作成したら、Googleドライブ上に「作業用フォルダ」ができています。これを開きましょう。このフォルダにColabのファイルを作成します。ただし、この状態ではまだColabを利用できません。Colab用のアドオンをインストールする必要があります。そこで、ページ右中央にある＋マークの「アドオンを取得」ボタンを押します。

図3-5

「作業用フォルダ」を開いた状態で「アドオンを取得」ボタンを押す

インストールするアドオンを選ぶウィンドウが表示されます。ウィンドウ上部のテキストボックスに「colaboratory」と入力して検索し、検索結果から「Colaboratory」を選択します。

図3-6

「Colaboratory」で検索し、検索結果の「Colaboratory」を開く

検索キーワードを入力する際は「colab」と入力していくと、入力に応じた候補が表示されます。「Colaboratory」が候補に出てきたところでクリックします。

「Colaboratory」の詳細画面が表示されたら「インストール」ボタンを押します。あとは画面の指示に従ってインストールを進めましょう。インストールが完了すれば、アドオンのウィンドウは閉じてかまいません。

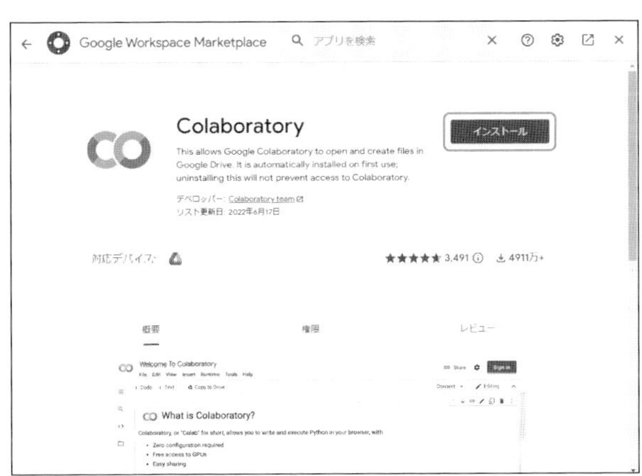

図3-7

「Colaboratory」の詳細画面で「インストール」ボタンを押す

新規のノートブックを開く

これでColabを利用できるようになりました。実際にプログラミングするには、Colab用のファイル（「ノートブック」といいます）を作成します。フォルダを作ったときと同様、ドライブの「新規」ボタンを押します。表示されたメニューの「その他」を開くと、サブメニューが現れます。ここで「Google Colaboratory」を選びます*5。

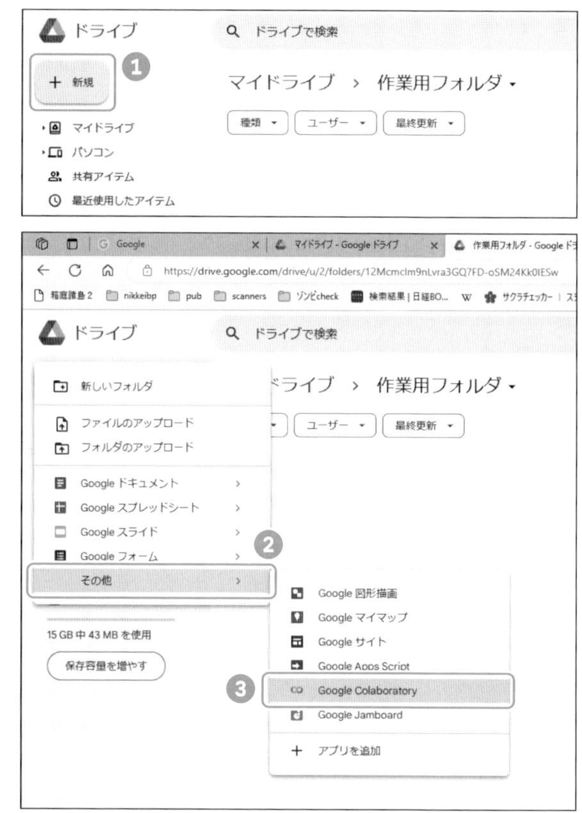

図3-8

「新規」ボタンで表示されるメニューから、「Google Colaboratory」を選ぶ

Google Colaboratoryを選択すると、新規のノートブックが表示されます。画面上部に右向きの三角形と、その右に文字入力できるボックスがあります。これを「セル」といい、セル内のボックスにコードを入力していきます。

*5　アドオンをインストールした直後だと「Google Colaboratory」がメニューに現れないことがあります。その場合は、Webブラウザの操作でGoogleドライブのページを更新してください。

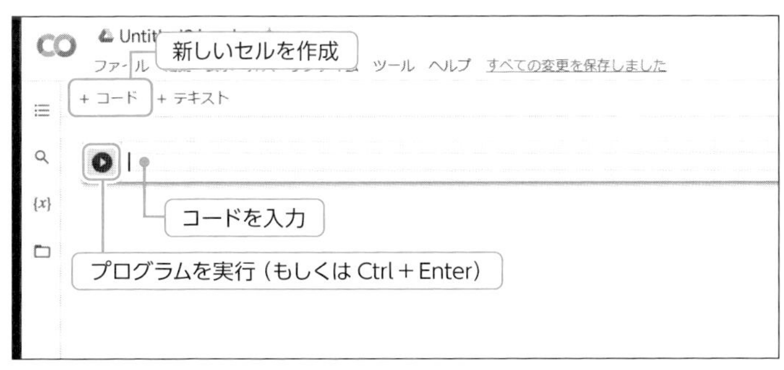

図3-9

新規のノートブックが開いた。画面中央の入力欄にコードを打ち込んでいく

入力したコードを実行するのが、「セルを実行」ボタンです。新しいセルを作るには「コード」ボタンを押します。

これで、Colab上でプログラミングできるようになりました。これでコーディングはできるのですが、その前に設定を整えておきましょう。

プログラミング環境の設定変更と確認

Colabは、右上の歯車を押すことで設定の確認と変更ができます。この段階ではインデント幅の設定をしておきましょう。

図3-10

歯車のアイコンを押して設定画面を開く

インデント幅を変更

「設定」ウィンドウが開いたら、「エディタ」を選択し、「インデント幅（スペース）」を初期値の2から4に変更します。Pythonではインデントが重要な役割を果たしており、プログラミングするときの作法として、インデントには4個のスペースを使うと決められています*6。

図3-11

「エディタ」の設定を開き、「インデント幅（スペース）」を4に変更する。この設定変更は必須

初期値のままでもプログラムとしては動作しますが、基本的にプログラムは他人と共有することがあるというのが前提です。このため、コーディング時の“お約束”が決められており、インデントは4個のスペースで表現するというのはその一つです。ここは必ず設定し直しておきましょう。

Colabにはこうした必須の項目もあれば、ちょっとした遊び機能も用意されています。「その他」は動物のマスコット（コーギー、猫、カニのいずれか）を表示することのできる項目です。何ができるというわけではなく、ただ単に作業中に選んだ動物が画面上部のメニューバー付近を左右に動いているだけの機能です。プログラミング中に癒されたい人は、設定してみるといいでしょう。

*6　Pythonにかかわるさまざまな規約を定めたPEP（Python Enhancement Proposal）のなかで、コーディングに関する規約をまとめたPEP8でルール化されています。

インストール済みライブラリの確認

Python本体をパソコンにインストールする場合と異なり、Colabはあらかじめ多くのライブラリをインストールした環境になっています。ライブラリとは、よく使われる機能を誰でも簡単にプログラミングできるにまとめたプログラム部品と考えてください*7。本書で使う外部ライブラリはChapter4でくわしく解説します。

ここでは、Colabにどのようなライブラリがインストールされているか確認します。

Colabのセルに

```
!python -m pip list
```

と入力します。先頭の「!」を忘れずに入力してください。このコマンドではpip（Pythonのパッケージ管理システム）を使って、インストールされたライブラリを確認しています。上記コードを実行すると次の図のように、インストール済みのライブラリとそれぞれのバージョンの一覧が示されます。

図3-12

Colabにインストール済みのライブラリ一覧（画面はその一部）

次にPythonのバージョンも確認しておきましょう。プログラムによっては動作可能なPythonのバージョンを限定していることもあり、自分が使っているPythonのバージョンが重要になるこ

*7　ライブラリはPythonのプログラムで構成されています。1個のプログラムファイルでできているものをモジュール、複数のプログラムファイルをディレクトリにまとめて提供されているものをパッケージといいます。実はライブラリは幅広い意味を持ちますが、本書ではこうしたモジュールとパッケージを総称してライブラリと呼ぶことにします。

とがあります。

新しいセルを作って、次のコード

```
!python -V
```

を入力します。すると、次の画像のように「Python 3.10.12」と返されます。

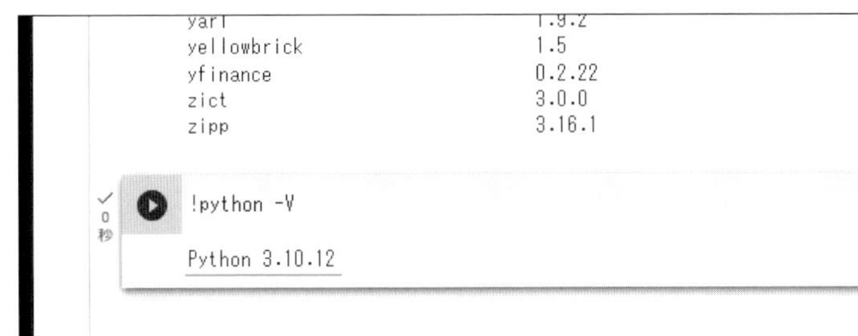

図3-13

Pythonのバージョンを確認したところ

Pythonのバージョンは Colab側で管理されます。詳細はColaboratory Release Notes＊8で確認できます。プログラム開発では、バージョンの違いが原因で動作の不都合が起きることがあります。バージョンをシビアに管理したい場合は自分で主体的にバージョン管理する環境が必要になりますが、本書で解説している範囲ではそこまでバージョンにシビアになる必要はないでしょう。Pythonの開発環境として多くの人がプログラミングに触れられるよう、本書では簡単に使えるColabでプログラムを開発していきます。

なお、たくさんのノートブックを作る場合、初期設定のファイル名「Untitled0.ipynb＊9」を変更して、わかりやすい名前にしましょう。ノートブックを開いた状態でファイル名をクリックすると、文字入力が可能になります。表示上は違いますが、OS上でファイル名を変更するときと操作は同じです。

＊8　https://colab.research.google.com/notebooks/relnotes.ipynb

＊9　ファイル名にある数字は変わる場合があります。

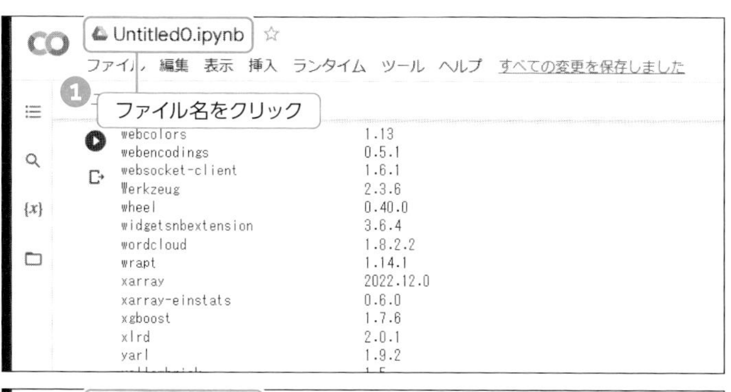

図3-14

ノートブックを開いた画面のファイル名をクリックすると名前を変更できる

Colabの使い方は、①セルを作ってコードを入力、②コードを実行して表示結果を確認、というサイクルで処理を進めていきます。その使い方は、次の「Pythonの基本」を通じて慣れていきましょう。

Pythonの基本

本書を手に取った読者の皆さんの中にはプログラミングの本格的な学習はこれからという人もいるかもしれません。ここではPython入門として、本書で扱うコードに関連するPythonの文法の基礎について説明します。文法の基礎が、どのように実際のプログラムで生かされているのか、本書を通じてご理解いただけると思います。

とはいえ、これでPythonの基礎をすべて説明することはできません。プログラミングの基礎を身に付けるためには、Pythonの文法についてはぜひ入門書も必ずご利用ください。

変数とデータ型

変数は、データに名前をつけるための仕組みです。プログラムの中では、さまざまな計算処理が出てきます。その結果を一度ならず、何度も使うことがあります。そのたびに計算させるのは処理が煩雑になってしまいます。変数を使えば、何度でも別の処理の中でデータを利用することができるのです。

データには種類があります。これを「データ型」と言います。どのようなデータ型があるのかは、概ねどのプログラミング言語でも共通しているのですが、プログラミング言語ごとに細かい違いがあります。そこで、まずはPythonにおける変数とデータ型について説明しましょう。

変数

変数には名前を付けて、他の変数と区別します。名前にはアルファベット、数値、アンダースコア(_)、日本語のひらがな、漢字などが使えます。ただし、数値を先頭につけることはできません。

変数には、=(イコール)を使ってデータを代入します。具体的には

```
変数名 = データ
```

のように、=の左側に変数名、右側に代入するデータを記述します。2個の変数を使って計算をしてみたのが次のコードです。

コード3-2　変数を使ったコードの例

```
01 a = 1
02 b = 2
03 print(a + b)
```

このコードをプログラムとして実行すると、3行目の

```
a + b
```

つまり1+2を計算した結果である3が表示されます。このように変数を使って計算すれば、それぞれの変数が代入しているデータ（値）で計算されます。

データ型

前述の通り、Pythonで扱うデータには種類があります。区別しないとプログラムが思った通りに動作しないことがあります。今扱っているデータはどの型なのか、この変数に入れる値のデータ型は何なのかについては、常に意識しておいたほうがいいでしょう。

ここでは本書でよく使う、データ型についてまとめて紹介します。

表3-1
Pythonの主なデータ型

型名	型名（type）	値の例
文字列	str	'こんにちは'、'こんばんわ'
整数	int	1001、2023
浮動小数点数	float	1.23、3.14
ブール値	bool	TrueもしくはFalse

文字列、整数についてはここでは特に説明しません。浮動小数点数というのは、いわゆる小数を扱うときのデータ型です。

ブール型は真（True）もしくは偽（False）のみを値に持つデータ型です。条件式の判定などに使われます。

いずれの型もオブジェクトとして扱われるため、それぞれの方に応じたメソッド（処理）などが用意されています。

文字列の一部を取り出すスライス

文字列では、値の一部を取り出すスライスについて触れておきましょう。たとえば、文字列から必要な部分を抜き出すときに、スライスを使います。

ここでは「おはよう、こんにちは、こんばんは」という文字列から「こんにちは」だけを取り出す方法を見てみましょう。まず、変数greetingに「おはよう、こんにちは、こんばんは」を代入したあと、次のような処理をすることにしました。

① 文字列の中から「こんにちは」だけを取り出す（スライス）
② 文字列を置き換えるreplaceメソッドを使って「こんにちは」を「おきばりやす」に置き換える
③ 文字列を分割するsplitメソッドを使って「、」（読点）で文字列を分割する

①のスライスでは、対象の文字列に対して「何文字目から何文字目までを取り出す」という指定をします。

原則として、Pythonでは1番目を0と指定します。このため3文字目つまり3番目の文字から取り出す場合は、Pythonでは始点を「2」と指定します。具体的な文字列で見てください。

表3-2　Pythonで文字列の位置を指定する場合の考え方

文字列	お	は	よ	う	、	こ	ん	に	ち	は	、	こ	ん	ば	ん	は
人にとっての文字の位置	1	2	3	4	5	6	7	8	9	10	11	12	13	14	15	16
Pythonにとっての位置	0	1	2	3	4	5	6	7	8	9	10	11	12	13	14	15

この数え方は、文字列を前から数えて指定する場合のものです。もちろん、後ろから切り出すこともできます。その場合、後ろから1番目つまり最後の文字は、-1番目となります。

表3-3　後ろから文字を切り出すときの開始位置

文字列	お	は	よ	う	、	こ	ん	に	ち	は	、	こ	ん	ば	ん	は
Pythonにとっての位置（後ろから）	-16	-15	-14	-13	-12	-11	-10	-9	-8	-7	-6	-5	-4	-3	-2	-1

これを踏まえて、先ほど設計した処理のプログラムを見てください。

コード3-3　指定した文字列を取り出して置換、分割するプログラム

```
greeting = 'おはよう、こんにちは、こんばんは'
print(greeting[5: -6])         …①変数greetingから「こんにちは」をスライス
print(greeting.replace('こんにちは', 'おきばりやす'))
                               …②replaceメソッドで文字列を置き換え
print(greeting.split('、'))    …③splitメソッドで文字列を分割
```

これを実際に実行すると、①～③の処理に応じて

```
こんにちは
おはよう、おきばりやす、こんばんは
['おはよう', 'こんにちは', 'こんばんは']
```

がそれぞれ出力されます。

文字列を取り出す処理では、①の

```
greeting[5: -6]
```

が、「おはよう、こんにちは、こんばんは」を値とする変数greetingから「こんにちは」を切り出すコードです。[　]（角カッコ）内の最初の5が全体の6文字目から取り出していくという開始位置を示し、次の-6が取り出しをやめる位置を示します。ここでは意図的に後ろから数えたときの位置で記述しました。これは、

```
greeting[5: 10]
```

と書いても同じ文字列を取り出せます。

複数の値を同時に扱う

特に統計処理をする場合、複数の値を同時に変数に格納する場面がたくさん出てきます。ここまでは単一のデータ型を扱う例を見てきました。複数の値を扱う方法には、リスト、タプル、セット、辞書があります。

表3-4
主なデータ構造

名前	型名 (type)	例
リスト	list	[1,2,3,4,5]
タプル	tuple	(1,2,3,4,5)
セット	set	{1,2,3,4,5}
辞書	dict	{"test1": 100, "test2": 90}

リストとタプルは、いずれも複数の値（これを要素*10といいます）を収容できるデータ構造で、何番目にある値かで特定し、指定することができます。リストとタプルの違いは、プログラム内で格納している値を書き換えることができるかどうかです。リストでは「3番目の値である●を□に書き換える」ことができるのに対して、タプルは書き換えられません。

要素を取り出すときは、文字列のスライスと同じように、位置を示す番号（インデックス番号）で指定します。

セットは、要素に重複や順序を持たないデータ構造です。順序がないため、値を指定して取り出すことや要素を加えることはできません。また、数学の集合と同じような基本的な集合演算もできます。

辞書は、リストやタプルとは異なり、順番ではなく、「キー」で要素を管理します。表3-4で言えば、

```
"test1": 100
```

のtest1がキー、100が要素です。辞書では並んでいる順番は関係ありません。キーが何かを指定して、それに対応した要素を取り出したり、書き換えたりすることができます。

*10 実際には、リストやタプル、辞書の要素をリストやタプル、辞書にした入れ子構造にすることもできます。

制御

ここからは、処理を制御するコードについて説明します。Pythonでのデータ制御を本書ですべて説明することはできないので、本書のハンズオンでよく使うものについて取り上げます。

表3-5
制御に使われる主な関数や文

名前	種類	役割
range	関数	指定範囲の数値生成
if/elif/else	文	条件分岐
for	文	反復処理
while	文	真偽評価を伴う反復処理
pass	文	何もしない
break	文	ループを中断

ここまでに取り上げたPythonの基礎を使って、次のような処理をコードにしてみます。具体的には、1から101までの整数を生成し、辞書を使って偶数と奇数に数値を分け、数値をそれぞれリストにして格納します。その際、10から20および40以上の値は不要なので、除外します。

これは次のようなプログラムで表現できます。

コード3-4　**1から101まで範囲で10から20および40以上を除き、奇数と偶数に分類するプログラム**

```
eo_dict = {
    '偶数': [],
    '奇数': []
}
for i in range(1, 101):
    if 10 <= i <= 20:
        pass
    elif i == 40:
        print('これ以上数えられません')
        break
    elif i % 2 == 0:
        eo_dict['偶数'].append(i)
    elif i % 2 == 1:
```

```
            eo_dict['奇数'].append(i)

print(eo_dict)
```

コードを実行すると、結果は次のように表示されます。

```
これ以上数えられません
{'偶数': [2, 4, 6, 8, 22, 24, 26, 28, 30, 32, 34, 36, 38],
 '奇数': [1, 3, 5, 7, 9, 21, 23, 25, 27, 29, 31, 33, 35, 37, 39]}
```

関数

プログラムがある程度大きくなると、同じような処理が何度も出てくるようになります。そのつど一連のコードを繰り返し書くのは面倒です。そこで、そうした処理を使い回せるようなコードにまとめておくのが関数です。関数には名前を付け、その関数名を呼び出すことで、同じコードを再利用できます。

自分で定義する場合は、キーワードdefのあとに関数名、そのすぐあとに(　)(丸括弧)を記述し、その中に引数(仮引数)を記述します。引数は関数にデータを引き渡すために使います。関数が返すデータは return 文の後ろに置きます。

では、関数を実際に作ってみます。コード3-4で、一定の範囲の整数について偶数と奇数に分類するコードを作成しました。10から20の数値は含まず、数値の上限は40としていました。コード3-2では40と決め打ちしていた上限を、自由に設定できる関数を作成してみます。

コード3-5　**コード3-4の処理を上限設定が可能な関数にする**

```
def even_odd_dict(n):
    eo_dict = {
        '偶数': [],
        '奇数': []
    }
    for i in range(1, n):
        if 10 < i <= 20:
            pass
```

```
        elif i % 2 == 0:
            eo_dict['偶数'].append(i)
        elif i % 2 == 1:
            eo_dict['奇数'].append(i)
    return eo_dict

```

このコードに続けて、以下のように定義した関数を利用するコードを記述します。15行目は上限を36にした場合、16行目で上限を8にした場合の処理が実行されます。

コード3-6　コード3-5のeven_odd_dict関数を実行するコード（コード3-5の続き）

```
15 eo36 = even_odd_dict(36)
16 eo8 = even_odd_dict(8)
17 print(eo36)
18 print(eo8)
```

このコードを実行すると、17行目、18行目のコードに従い、次のように実行結果が表示されます。

```
{'偶数': [2, 4, 6, 8, 10, 22, 24, 26, 28, 30, 32, 34],
'奇数': [1, 3, 5, 7, 9, 21, 23, 25, 27, 29, 31, 33, 35]}
                                              …上限が36の処理結果
{'偶数': [2, 4, 6], '奇数': [1, 3, 5, 7]}        …上限が8の処理結果
```

ファイルの読み書き

ファイルの読み書きは、データ分析をするときには必須と言ってもいい処理です。ここでは文字列をテキストファイルとして保存し、そのファイルから文字列を取得する処理を通じて、ファイルを読み書きするコードを見てみましょう。

コード3-7　**テキストファイルを作成し、これを読み込むプログラム（前半）**

```
00  s = 'こんにちは'
00  with open('/content/hello.txt', 'w') as f:
00      f.write(s)
```

このコードでは、まず「こんにちは」という文字列をhello.txtというファイル名のテキストファイルとして保存します。その際、プログラムの処理としてはwith文を使って、先に保存したいファイル名で空のファイルを開きます。次にwith文内の処理として、この空のファイルに目的の文字列を書き込んで保存します。

ファイルを保存するには、write()メソッドを使います。2行目末尾の

```
as f
```

で、hello.txtとして作成した空のファイル[*11]を、fという名前で扱うことにしてあります。そこで3行目の

```
f.write(s)
```

とすることで、f（ファイル）にs（文字列）という内容を書き込むという処理になるわけです。

ここでは保存ファイル名を

```
'/content/hello.txt'
```

にしていますが、好きなところに保存してかまいません。

このコードの段階で実行しても何も実行結果としては表示されませんが、hello.txtは保存されています。次の図のように左側のファイルのマークのところで、それが確認できます。

＊11　正確には「ファイルオブジェクト」です。

図3-2

Colab上で実行したところ作成されたhello.txt

さらに次のコードで、作成したファイルを読み込んで表示してみましょう。

コード3-8　**テキストファイルを作成し、これを読み込むプログラム（後半）**

```
01 with open('/content/hello.txt', 'r') as f:
01     hello = f.read()
01 print(hello)
```

これを実行することにより、hello.txtを開いて変数fに代入し（1行目）、ファイルの内容を読み込んで変数helloに渡します（2行目）。その内容を出力するのが3行目で、これを実行すると、コード3-7でhello.txtに書き込んだ

```
こんにちは
```

が出力されます。

ライブラリ

Pythonの特徴のひとつに「ライブラリが豊富なこと」があると本章の冒頭で説明しました。ライブラリを利用する際は、対象のライブラリをあらかじめimport文によりプログラムから呼び出しておく必要があります。

次のコードではプログラム内で正規表現を使うために、Pythonの標準ライブラリのひとつであるreモジュールを呼び出しています。そのうえで、文字列appleにapという文字列が含まれるか、reモジュールのsearch関数を使って確認します。

コード3-9　reモジュールの正規表現を利用したプログラムの例

```
01 import re
02 re.search('ap', 'apple')
```

1行目のimport文により、このプログラムではreモジュールを使えるようになりました。これにより、2行目のsearch関数が使えるようになっています。

このプログラムを実行すると、appleにはapが含まれるので、次のようなメッセージが返されます。

```
<re.Match object; span=(0, 2), match='ap'>
```

このメッセージでは、調査対象の文字列中、1〜2文字目にapが出現していることがわかります。

Pythonの主な標準ライブラリには、以下のようなものがあります。

表3-6
Pythonの主な標準ライブラリ

ライブラリ名	主な機能
re	正規表現操作
datetime	日時操作
pathlib	ファイルパスシステム
dataclasses	データクラス
typing	型ヒント

コラム

コーディングに迷ったらhelp関数を使おう！

Pythonにはたくさんのライブラリなどが存在し、個々のライブラリの使用方法を完全に覚えることは不可能です。よく使っているライブラリでも「この使い方はどうだったか?」と悩むこともよくあります。

そんなときのために、help関数を使えるようになることをお薦めします。たとえば、本章で取り上げたreモジュールのsearch関数の場合、対象の文字列と、その中に含まれる調べたいパターンを、どのように引数として記述したいか迷ったとします。

そんなときには、次のようにhelp関数で詳細を調べてみましょう。

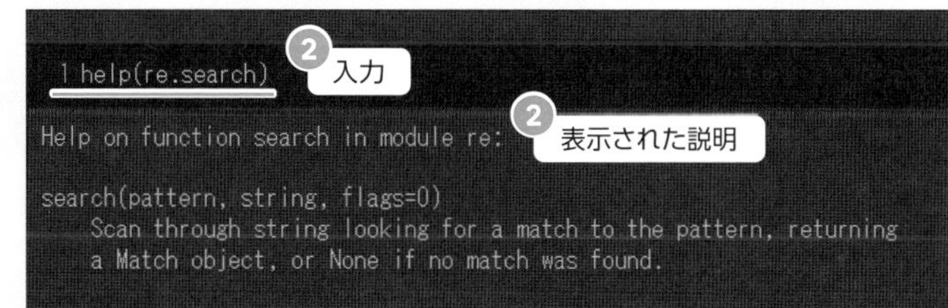

図3-3
help関数でre.search関数について調べたところ

この図ではreモジュールのsearch関数について調べましたが、同様にreモジュールがどういう機能を持つのかという概略も確認できます。

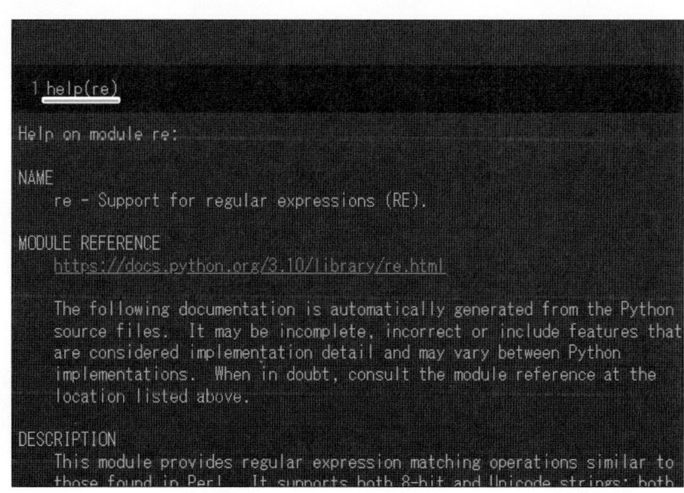

図3-4
help関数で引数をreにして、reモジュールについて調べたところ

Colabを使っているのであれば、help関数ではなく

```
?re.search
```

のように?(クエスチョンマーク)に続けて調べたい対象を記述して実行する方法もあります。?を続けて2回入力すると、よりくわしい説明を表示させることができます。

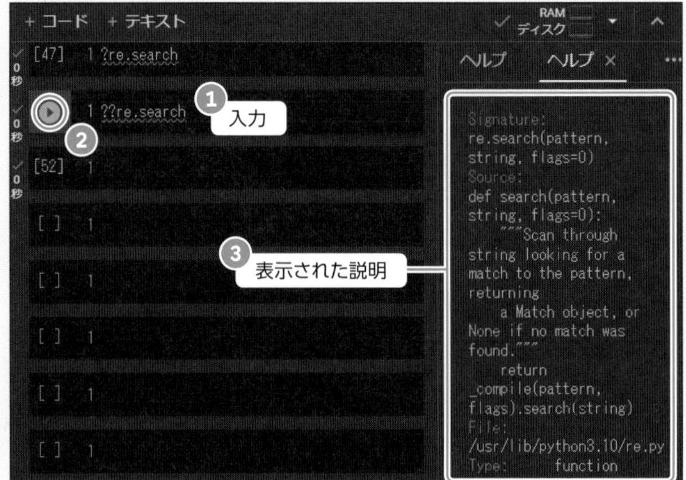

図3-5

?もしくは??で調べることもできる

Chapter 4

分析に役立つライブラリ

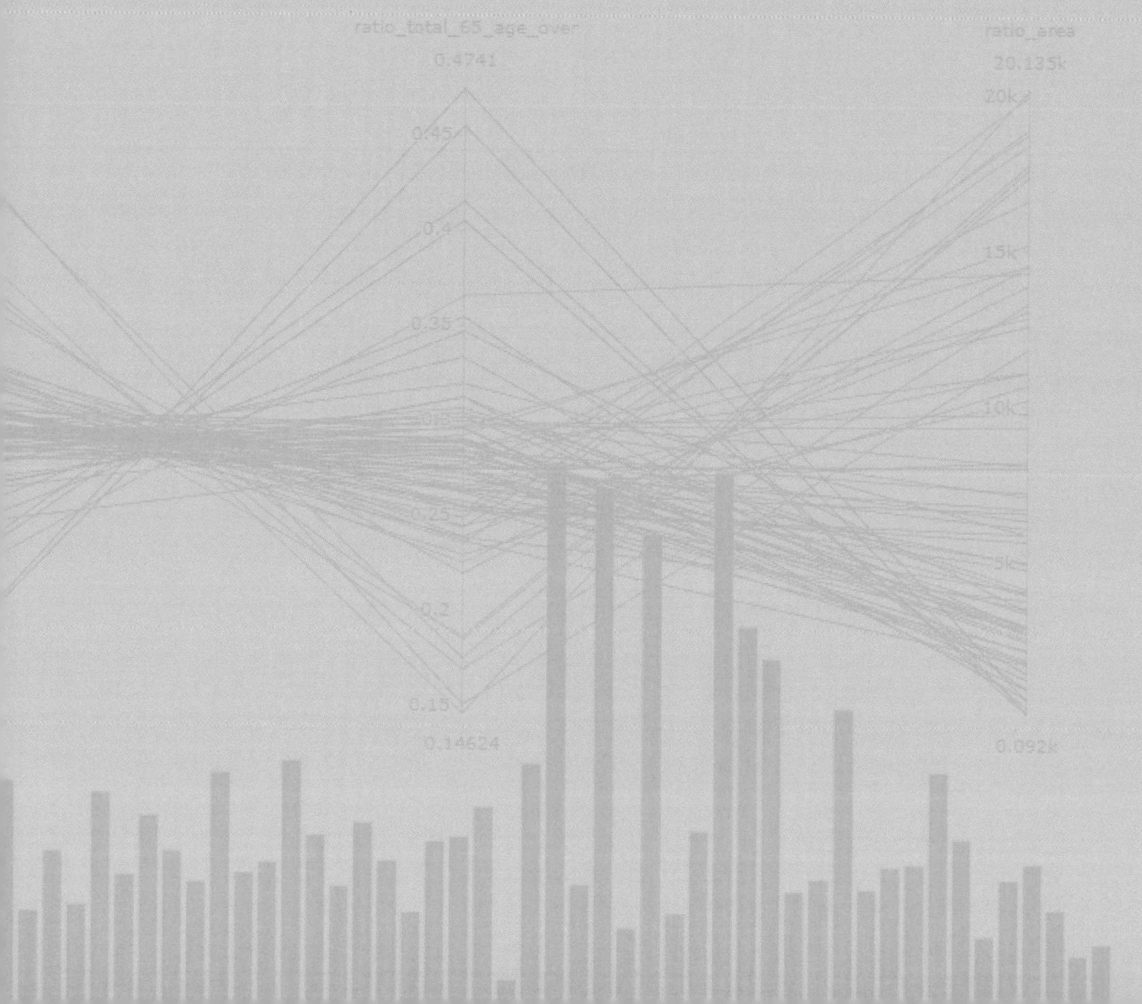

本章では、ハンズオンで用いるサードパーティーライブラリの、基本的な役割や使い方を紹介します。詳細な動作の解説は、ハンズオン内で行います。また、全てのライブラリに関して、本書籍で紹介できるのは、一部の機能です。それぞれの作業を便利に行える機能はたくさんあります。気になった際は、公式ドキュメントを見て、便利なものを探してみてください。

pandas

pandasはPythonで表形式のデータを扱う際によく使われる、オープンソースのライブラリです。表形式のデータとはExcelやGoogleスプレッドシートなどで扱うワークシートのようなデータで、インデックスとカラムと値を持つ構造をしています*[1]。

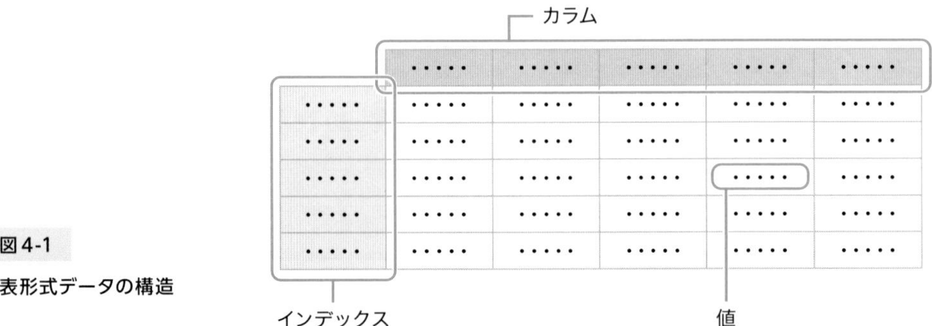

図4-1
表形式データの構造

たとえばExcelでは行、列、セルといいますが、Pythonでデータを扱うときには、インデックス、カラム、値（Value）と呼びます。

Pythonで扱うとき、具体的には次のようなデータになります。

＊1　データ構造によっては、Seriesのようにカラムを持たないものもあります。

	名前	年齢	勤務地	性別	収入
0	さとし	30.0	東京	男	7000000.0
1	ひろし	31.0	大阪	男	7500000.0
2	ようこ	32.0	None	女	NaN
3	さとし	30.0	東京	男	7000000.0
4	ひろし	31.0	大阪	男	6500000.0
5	いろは	NaN	名古屋	女	8500000.0

図4-2
表形式データの例

pandasを使うことにより、表形式のデータに対して読み込み・保存、計算・集計、整形といった処理が容易になります。

データ構造

pandasは一次元のデータを扱うためのSeriesと、二次元のデータを扱うためのDataFrameという2種類のデータ構造を持ちます。

表4-1　pandasが扱う表形式のデータ構造

名前	オブジェクト	解説
Series	pd.Series	1次元のデータを扱う
DataFrame	pd.DataFrame	2次元のデータを扱う

いずれもpandasを使ったデータ分析では頻出のデータ構造です。どのように扱うのか、もう少しくわしく見ていきましょう。

Series

まずはSeriesから。Seriesは一次元のデータを扱うデータ構造です。一次元というのは、1行に要素が並んでいる状態を言います。Seriesオブジェクトは、valuesやindexなどの属性を持ちます。データを渡す際は、リストや辞書といったデータ形式などを利用できます。

実際のコードを見てみましょう。ここでは同じSeriesオブジェクトを、辞書を使う方法と、キーのリストとバリューのリストを使う方法とに分けて作成します。それぞれの方法に応じた2種類のコードを見てください。

最初に辞書を使って、Seriesを作成します。辞書のキーにインデックスとなる値、バリューに値を渡します。

コード4-1　**辞書を使ってSeriesを作成するプログラム例**

```
01 import numpy as np
02 import pandas as pd
03 data = {
04     'a': 1,
05     'b': 2,
06     'c': 3,
07     'd': 4,
08     'e': 5
09 }
10
11 s1 = pd.Series(data)
12 print(s1)
```

まず辞書のデータを作成して変数dataに代入し（1〜7行目）、次にSeriesオブジェクトの第1引数dataに変数dataを渡します（9行目）。作成したSeriesオブジェクトは変数s1に代入します。最後にs1に代入されたデータを出力します（10行目）。このプログラムを入力したセルを実行すると、次のように表示されます。

実行結果

```
a    1
b    2
c    3
d    4
e    5
dtype: int64
```

次に、辞書のキーだけのリスト、バリューだけのリストという二つのリストから同じSeriesオブジェクトを作るコードを見てみましょう。これは、複数のデータソースから取得し、リストに格納したデータをもとにSeriesオブジェクトを作成するような処理を想定しています。

コード4-2　二つのリストからSeriesを作るプログラムの例

```
01 values = [1, 2, 3, 4, 5]
02 index_col = ['a', 'b', 'c', 'd', 'e']
03 s2 = pd.Series(values, index=index_col)
04 print(s2)
```

このコードでは、先ほどの辞書のキーに相当するデータを変数index_colに、バリューに相当するデータを変数valuesに代入します（1～2行目）。続いて、Seriesにそれぞれのデータを渡し、先ほどと異なる方法で同じSeriesオブジェクトを作成しました（3行目）。このようにpandasでは、さまざまな方法でデータを作成できます。

DataFrame

DataFrame は2次元のデータを扱うデータ構造です。複数のSeriesが並んだデータと考えられます。

Series同様、DataFrameもさまざまな方法で作れます。ここでも二つの方法で同じDataFrameを作成します。最初に辞書型のデータを使う方法、次に三つのリストを使う方法を紹介します。

まずは、辞書形式でデータを作成し、インデックス名を付けてDataFrameを作成します。カラム名には辞書のキーが使われます。

コード4-3　辞書形式のデータでは辞書のキーがカラムとして使われる

```
df_dict = {
    'one': [1,2,3,4],
    'two': [5,6,7,8],
    'three': [9, 10,11,12],
    'four': [13,14,15,16]
}
index_col = ['a', 'b, c', 'd']
df = pd.DataFrame(df_dict, index=index_col)
df
```

これを実行すると、生成されたDateFrameが次のように表示されます。

実行結果

```
    one  two  three  four
a     1    2      3     4
b     5    6      7     8
c     9   10     11    12
d    13   14     15    16
```

次に、辞書形式でデータを作成し、インデックス名を付けてDataFrameオブジェクトを作成します。カラム名には辞書のキーの値が使われます。

値をリストで作成する方法から見てみましょう。データを格納した3つのリストを、値、インデックス名、カラム名に別々に渡します。インデックス名、カラム名を別々に渡します。

コード4-4　リストからDataFrameを作成するプログラム例

```
index_col = ['a', 'b', 'c', 'd']
cols = ['one', 'two', 'three', 'four']
values = [
    [1, 2, 3, 4],
    [5, 6, 7, 8],
    [9, 10, 11, 12],
    [13, 14, 15, 16]
]

df = pd.DataFrame(values, index=index_col, columns=cols)
df
```

コード4-4を実行すると、コード4-3と同じ結果が表示されます。

ここで、ちょっとしたテクニックを紹介しましょう。インデックスとカラムを取り違えて、辞書のキーにインデックス名を付けたとします。これでは想定したDataFrameにはできません。でも安心してください。DataFrameオブジェクトに続けて.Tを付け加えることで、カラムとインデックスを入れ替えてくれます。

コード4-5　インデックスとカラムを入れ替えるコードの例

```
01 df_dict = {
02     'a': [1,2,3,4],
03     'b': [5,6,7,8],
04     'c': [9, 10,11,12],
05     'd': [13,14,15,16]
06 }
07 
08 df = pd.DataFrame(df_dict)
09 df = df.T        ←ここでdfのカラムとインデックスを入れ替える
10 df.columns = cols
11 df
```

ここではまず、辞書のデータを変数df_dictに代入します（1〜6行目）。次に意図的にインデックスに持ちたいデータをカラムに持ったDataFrameオブジェクトを作成し、変数dfに代入します（8行目）。そのあと、.Tを使ってカラムとインデックスを入れ替えています（9行目）。Tは転置（transpose）のTで、行を列に、列を行に変換する処理をします。

最後に、前のデータ作成でも利用したカラム名をリストに持つ変数colsをカラム名に渡し、意図したDataFrameオブジェクトを作成しました（11行目）。このような処理は、データの前処理をしているときに、よく用います。

これを実行すると次のようになり、無事にデータを修正できたことがわかります。

実行結果

	one	two	three	four
a	1	2	3	4
b	5	6	7	8
c	9	10	11	12
d	13	14	15	16

データ抽出

次にPandasで作成するオブジェクト（SeriesやDataFrame）から、必要なデータを抽出する方法を見てみましょう。データを抽出する方法は主に次のようなものが使えます。

表4-2　主なデータ抽出の方法

目的	方法	解説
カラム名により抽出	df[名称]	カラム名を渡す
インデックス名により抽出	df.loc[名称]	DataFrameの後ろに .loc をつけカッコ内に名称を渡す
行、列番号により抽出	df.iloc[番号]	DataFrameの後ろに .iloc をつけカッコ内に番号を渡す
スライス	df[名称 or 番号: 名称 or 番号]	名称 or 番号をコロン（:）でつなぐ
連続しない複数要素の抽出	df[[名称 or 番号,名称 or 番号]]	名称 or 番号をリストに格納して渡す

データの抽出は、分析の中ではよく使う処理です。それぞれの方法について、簡単なコードで処理を見ておきましょう。

Series はインデックスで抽出

コード4-1で生成したリスト形式のs1を対象に、まずはSeriesからデータを抽出してみます。Seriesオブジェクト内の値は、インデックス名やインデックス位置番号で指定できます。

コード4-6　インデックスでデータを抽出するプログラムの例

```
print(s1[2 : 4])      ……インデックス位置番号が2および3の値を抽出
print(s1['b':'d'])    ……インデックス名がbからdまでの値を抽出
```

抽出する対象のs1の内容は次のようになっています。

```
a    1
b    2
c    3
d    4
e    5
dtype: int64
```

このデータに対してコード4-6の抽出を実行すると、まずインデックス位置番号が2および3の値が

```
c    3
d    4
dtype: int64
```

と表示され、続いてインデックス名がbからdまでの値が

```
b    2
c    3
d    4
dtype: int64
```

と出力されます。

DataFrameのデータ抽出

次に、DataFrameからのデータ抽出を見てみましょう。DataFrameでのデータ抽出は、Series同様角かっこ[　]でカラム名を指定できます。単一のカラムを指定した場合、返されるデータの構造はSeriesになります。

コード4-7　カラム名を指定してDataFrameからデータを抽出するコード

```
df['three']
```

このコードで、次のデータを取得できます。

実行結果

```
a     3
b     7
c    11
d    15
```

このときのデータ型を組み込み関数typeを使って確認します。

```
type(df['three'])
```

これを実行するとSeriesであることが確認できます。

実行結果

```
pandas.core.series.Series
```

取り出すデータをSeriesではなく、DataFrameのまま抽出したい場合もあります。そのときにはリストにカラム名を格納してデータを抽出します。

コード4-8　SeriesではなくDataFrameで取り出したいときのコード

```
df[['three']]
```

この場合の出力にはカラム名が付くため、DataFrameとして出力されたことがわかります。

実行結果

```
   three
a      3
b      7
c     11
d     15
```

これもデータの型を確認します。

```
type(df[['three']])
```

これも、コードを実行するとDataFrameであることが確認できます。

実行結果

```
pandas.core.frame.DataFrame
```

複数カラムを抽出する場合は、リストに複数のカラム名を格納して渡します。

コード4-9　**複数のカラム名を指定する記述の例**

```
df[['two', 'four']]
```

これを実行すると、複数カラムを持つDataFrameなので、表形式のデータになっていることがわかります。

	two	four
a	2	4
b	6	8
c	10	12
d	14	16

続いて、インデックスを指定するコードを見てみましょう。インデックス名を指定しての抽出は、locインデクサにインデックス名を渡します。

コード4-10　**インデックス名でデータを取得するにはlocインデクサを使う**

```
df.loc['b']
```

これを実行すると指定した行について、カラムと値の組み合わせがSeriesとして取得できます。

実行結果

```
one      5
two      6
three    7
four     8
```

インデックスの位置番号を指定しての抽出には、ilocインデクサを使います。

コード4-11　インデックス番号でデータを取得するにはilocインデクサを使う

```
df.iloc[1]
```

これを実行すると、コード4-10と同様に指定したインデックスのデータが、カラムと値の組み合わせで取得されます。

実行結果

```
one      5
two      6
three    7
four     8
```

locインデクサを使う場合、カラムと同様にインデックスも複数を指定できます。名称を渡す順は先にインデックスを記述し、カンマで区切ってカラムを記述します。実際のコードで見てみましょう。

コード4-12　同時に複数のインデックス、カラムを名称で指定するコードの例

```
df.loc[['b', 'd'], ['one', 'four']]
```

これでインデックスではbとd、カラムではoneとfourをそれぞれ同時に指定したことになります。これにより、指定した形式でデータを取り出せます。実際の出力は、次のようになります。

実行結果

```
   one  four
b    5     8
d   13    16
```

もちろんインデックスおよびカラムの番号で、それぞれ複数を指定して抽出することもできます。番号を使う場合はilocインデクサを使います。記述はlocインデクサと同じく、先にインデックス番号、カンマで区切ってカラム番号を記述します。

コード4-13　同時に複数のインデックス、カラムを番号で指定するコードの例

```
df.iloc[[1, 3], [0, 3]]
```

このコードで、コード4-12と同じデータを抽出することができます。

データの読み込み・保存

データ分析には、何らかのファイル形式で提供されるデータを読み込んだり、保存したりする処理が欠かせません。pandasでは、CSV、Excel、jsonなど多くのファイル形式を読み込み、保存できます。

表4-3　pandasがサポートする主なファイル形式と、読み込み・保存のための記述

ファイル形式	読み込み関数	保存メソッド
CSV	read_csv	to_csv
JSON	read_json	to_json
Excel	read_excel	to_excel
HTML	read_html	to_html
pickle	read_pickle	to_pickle

この表からわかる通り、読み込み関数はファイル形式の前にread_を付け、保存メソッドはto_を付けるようになっています。

では、提供されるデータによく使われているファイル形式であるJSON、CSV、Excelを取り上げ、どのようなコードで、どのように読み書きするのかを見てみましょう。

JSON、CSV、Excel

まず、JSON、CSV、Excelの読み書きから始めましょう。

本章でここまで扱ってきたDataFrameオブジェクトのdfをそれぞれ、JSON、CSV、Excelの各形式で保存してみます。そのためのメソッドは、表4-3で示した通り、to_json、to_csv、to_excelです。引数には保存先のファイルパスを指定します。

コード4-14　JSON、CSV、Excelの各形式でデータを保存するコード

```
df.to_json('/content/first.json')
df.to_csv('/content/first.csv')
df.to_excel('/content/first.xlsx')
```

これで、同じデータをそれぞれの形式で書き込むことができました。保存した各ファイルを読

み込む場合は次のように記述します。

コード4-15　**各形式のファイルをデータとして読み込むコード**

```
df_json = pd.read_json('/content/first.json')
df_csv = pd.read_csv('/content/first.csv')
df_excel = pd.read_excel('/content/first.xlsx')

print(df_json)
print(df_csv)
print(df_excel)
```

このコードを実行すると、各ファイルの内容が出力されます。基本的には同じインデックス、カラム、値なのですが、ファイル形式により出力が微妙に違うところを見てください。

コード4-16　**コード4-15で保存した各形式のファイルを読み込んで出力したところ**[*2]

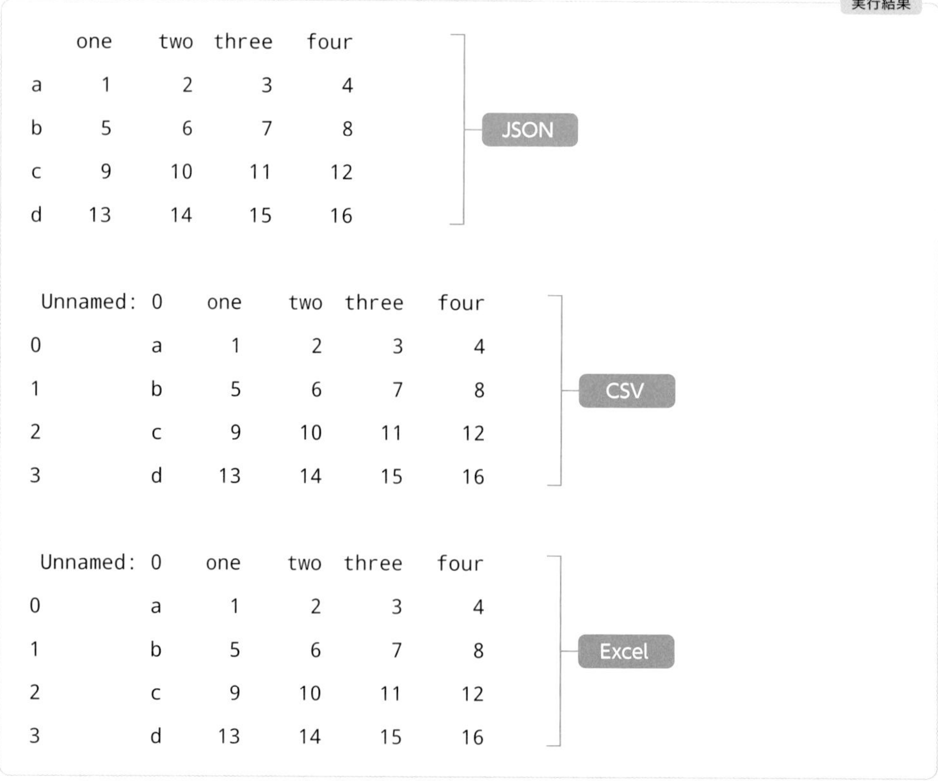


```
   one  two  three  four
a    1    2      3     4
b    5    6      7     8
c    9   10     11    12
d   13   14     15    16

  Unnamed: 0  one  two  three  four
0          a    1    2      3     4
1          b    5    6      7     8
2          c    9   10     11    12
3          d   13   14     15    16

  Unnamed: 0  one  two  three  four
0          a    1    2      3     4
1          b    5    6      7     8
2          c    9   10     11    12
3          d   13   14     15    16
```

＊2　出力結果が見やすいよう、各形式の出力の間を空けてあります。実際の出力に空白行はありません。

CSV、Excelを読み込むと、インデックス列がインデックスになっていないことがわかります。というのは、いずれもUnnamed: 0という列名があるためです。「Unnamed: 0」列をインデックスに割り当てるには、読み込む際にファイル名を指定するだけでなく、引数index_colに0を渡すように記述します。これにより、何番目の列がインデックスになるのかを指定します。

コード4-17　CSV、Excelの読み込みではindex_colを指定する

```
df_csv = pd.read_csv('/content/first.csv', index_col=0)
df_excel = pd.read_excel('/content/first.xlsx', index_col=0)

print(df_csv)
print(df_excel)
```

このコードの実行結果を見てみましょう。JSONファイルを読み込んだときと同じように、インデックスが想定通りの形になったことがわかります。

```
   one  two  three  four
a    1    2      3     4
b    5    6      7     8
c    9   10     11    12
d   13   14     15    16

   one  two  three  four
a    1    2      3     4
b    5    6      7     8
c    9   10     11    12
d   13   14     15    16
```

Web上の公開データ

pandasでは、Web上で公開されているCSVファイルや、HTMLで記述されたテーブルも、プログラムにより直接読み込めることがあります。まずは、CSVファイルの場合を見てみましょう。ここでは例として、総務省が提供している家計調査について、小分類までの支出額（2000年1

月～）のCSVファイルを読み込みます。このファイルは、総務省の「統計局ホームページ/家計調査（家計収支編）　時系列データ（二人以上の世帯）」（https://www.stat.go.jp/data/kakei/longtime/index.html）で公開されているCSVデータで、URLは

```
https://www.stat.go.jp/data/kakei/longtime/csv/h-mon-a.csv
```

です。

　このファイルはCSVなので、読み込みにはread_csv関数を使います。

コード4-18　**Web上のCSVファイルを直接読み込むコード**

```
01  kakei_csv = 'https://www.stat.go.jp/data/kakei/longtime/csv/h-mon-a.
                                                        csv'      …CSVファイルのURL
02  df = pd.read_csv(kakei_csv, encoding='cp932')
                        …encodingにcp932を指定
03  df.head(10)         …headで読み込んだファイルの最初の10行を表示
```

　Web上のCSVデータを直接利用する場合、あらかじめデータの仕様を知らないと読み込めない場合があります。URLはもちろんですが、文字コードへの配慮も必要です。

　2行目のread_csv関数では、引数encodingに

```
encoding='cp932'
```

と記述しているのは、データを読み込む際にエラーとなるのを避けるためです。read_csv関数はデフォルトではutf-8でデータを読み込むのですが、ここではWindowsでよく使われるcp932を指定して読み込みます。

　3行目は、確認のために取得したデータを10行分表示するコードです。これを実行すると、次のように表示されます。

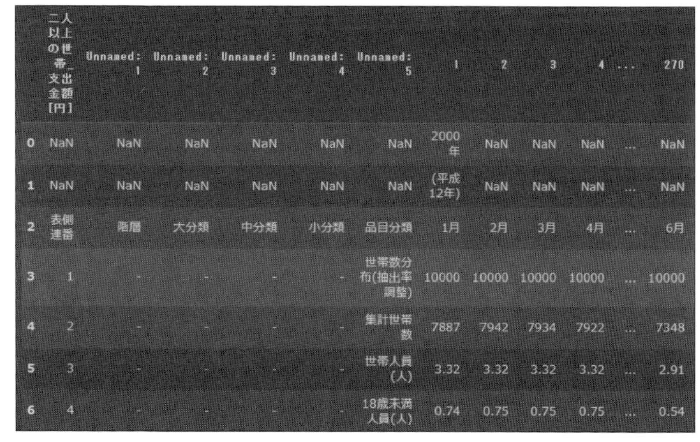

	二人以上の世帯_支出金額[円]	Unnamed: 1	Unnamed: 2	Unnamed: 3	Unnamed: 4	Unnamed: 5	1	2	3	4	...	270
0	NaN	NaN	NaN	NaN	NaN	NaN	2000年	NaN	NaN	NaN	...	NaN
1	NaN	NaN	NaN	NaN	NaN	NaN	(平成12年)	NaN	NaN	NaN	...	NaN
2	表側連番	階層	大分類	中分類	小分類	品目分類	1月	2月	3月	4月	...	6月
3	1	-	-	-	-	世帯数分布(抽出率調整)	10000	10000	10000	10000	...	10000
4	2	-	-	-	-	集計世帯数	7887	7942	7934	7922	...	7348
5	3	-	-	-	-	世帯人員(人)	3.32	3.32	3.32	3.32	...	2.91
6	4	-	-	-	-	18歳未満人員(人)	0.74	0.75	0.75	0.75	...	0.54

図4-3

Webから直接取得したCSVデータの冒頭部分（10行のうち8行分を掲載）

次に、Webページ上のテーブルをpandasで取得してみましょう。前述の「統計局ホームページ/家計調査（家計収支編）　時系列データ（二人以上の世帯）」には、「1. 品目分類：支出金額・名目増減率・実質増減率（月・年）」に公開されている品目分類データの一覧表があります。この表を読み込んでみましょう。

1. 品目分類：支出金額・名目増減率・実質増減率（月・年）

1世帯当たりの支出金額、また、それらを前年の同じ時期と比較した名目増減率と、物価水準の変動の影響を除去した実質増減率を時系
まとめたものです。

※　品目分類と用途分類の違いについては、「家計調査のデータを探す前に」をご覧ください。

※　令和元年のデータには平成31年１月から４月までを含みます。

月	小分類まで	支出金額	2000年1月～（CSV：269KB）
		名目増減率	2000年1月～（CSV：223KB）
		実質増減率	2000年1月～（CSV：192KB）
	全品目（2015年改定）	支出金額	2015年1月～2019年12月（CSV：196KB）
	全品目（2020年改定）	支出金額	2020年1月～（CSV：137KB）
年	小分類まで	支出金額	2000年～（CSV：31KB）
		名目増減率	2000年～（CSV：23KB）
		実質増減率	2000年～（CSV：20KB）
	全品目（2015年改定）	支出金額	2015年～2019年（CSV：41KB）
	全品目（2020年改定）	支出金額	2020年～（CSV：34KB）

図4-4

コード4-19で読み込むテーブル

それには、次のようなコードを記述します。

コード4-19　Webページのテーブルを読み込むコードの例

```
01  table_url = 'https://www.stat.go.jp/data/kakei/longtime/index.html'
                    …対象のWebページ
02  df = pd.read_html(table_url)[0]
                    …1行目のページに表示される最初のテーブルを指定して読み込み
03  df.tail()     …最後の5行を表示*3
```

このプログラムを実行すると、次のように表示されます。元のページのテーブルと見比べて、正しく読み込めていることを確認してください。

	0	1	2	3
5	年	小分類まで	支出金額	2000年～（CSV：31KB）
6	年	小分類まで	名目増減率	2000年～（CSV：23KB）
7	年	小分類まで	実質増減率	2000年～（CSV：20KB）
8	年	全品目（2015年改定）	支出金額	2015年～2019年（CSV：41KB）
9	年	全品目（2020年改定）	支出金額	2020年～（CSV：34KB）

図4-5
pandasでHTMLから取得したテーブル

データ確認

データ分析プロジェクトでは、データを受け取ってすぐに分析を始められるかというと、なかなかそうはいきません。受け取ったデータのままではデータの分析はできないことがほとんどです。データに異常値や欠損値、想定外の文字列が含まれていたり、入力データの行がずれていたりなど、調整が必要な場合が多いためです。このため、データを受け取るとデータがどのようになっていて、どのように調整すれば分析に使えそうかを、必ず確認します。本章でサンプルとして扱う小さなデータだと、プログラムを使ってわざわざ調整する必要は感じないかもしれません。しかし、大きなデータを扱う際には目視ですべての値を確認することは困難です。確認のステップは重要であり、pandasの持つ機能が役立つ場面でもあります。

ここではpandasを使ってデータを確認する方法を見ていきましょう。サンプルとして、次のようなデータを作成します。これは、年齢、勤務地、性別、収入を調べた人名録です。

このデータを入手したとして、まずはテーブルをそのまま眺めます。そうすると、データが欠損

＊3　tailメソッドの初期値が5のためです。

しているところがあったり、人名が重なっているものがあったりすることがわかります。

コード4-20　データを作成してテーブルを表示する

```
data_dict = {
'名前': ['さとし', 'ひろし', 'ようこ', 'さとし', 'ひろし', 'いろは'],
'年齢': [30, 31, 32, 30, 31, np.nan],
'勤務地': ['東京', '大阪', None, '東京', '大阪', '名古屋'],
'性別': ['男', '男', '女', '男', '男', '女'],
'収入': [7000000, 7500000, np.nan, 7000000, 6500000, 8500000]
}

df = pd.DataFrame(data_dict)
df
```

このプログラムを実行すると、テーブルが表示されます。

	名前	年齢	勤務地	性別	収入
0	さとし	30.0	東京	男	7000000.0
1	ひろし	31.0	大阪	男	7500000.0
2	ようこ	32.0	None	女	NaN
3	さとし	30.0	東京	男	7000000.0
4	ひろし	31.0	大阪	男	6500000.0
5	いろは	NaN	名古屋	女	8500000.0

図4-6
コード4-20で作成したデータをテーブルとして表示したところ

文字列がないところにNone、数値がないところにNaNが表示されていることがわかります。また、「さとし」が重複して出ていますね。この程度のテーブルならば目視でおかしなところを見つけられますが、大きなデータではそうもいきません。そこでinfoメソッドを使います。

```
df.info()
```

すると、次のように情報が表示されます。

```
<class 'pandas.core.frame.DataFrame'>
RangeIndex: 6 entries, 0 to 5
Data columns (total 5 columns):
 #   Column  Non-Null Count  Dtype
---  ------  --------------  -----
 0   名前      6 non-null      object
 1   年齢      5 non-null      float64
 2   勤務地     5 non-null      object
 3   性別      6 non-null      object
 4   収入      5 non-null      float64
dtypes: float64(2), object(3)
memory usage: 368.0+ bytes
```

図4-7

infoメソッドで取得したテーブル情報

この結果からは、このデータに格納されているデータのカラム名(Column)、データが存在する数(Non-Null Count)、データの種類(Dtype)がわかります。ここで、カラム名がわかりにくいものだったり、データの欠けがたくさんあったり*4すると、前処理のときに大変そうだなという感触がつかめます。

次に、describeメソッドで数値データの要約統計量を確認します。

```
df.describe()
```

これを実行すると、次のような統計量が一覧表示されます。

	年齢	収入
count	5.00000	5.000000e+00
mean	30.80000	7.300000e+06
std	0.83666	7.582875e+05
min	30.00000	6.500000e+06
25%	30.00000	7.000000e+06
50%	31.00000	7.000000e+06
75%	31.00000	7.500000e+06
max	32.00000	8.500000e+06

図4-8

データ全体の主な統計量を計算して概要を把握できる

ここでmean(平均)、min(最小値)、max(最大値)などが、数値データを持つカラムごとに集計されます。これを見ながら、おかしな値が入っている可能性がないかをつかむことができま

＊4　Non-Null Countの数値が他のカラムと比べて小さいと、欠損値が多いことがわかります。

す。たとえばminやmaxの値が概ね予想できる範囲から大きくかけ離れていれば、何かおかしな値になっているところがあると推測できます。実際の分析プロジェクトでは、この段階でデータのばらつきなどが気になる場合、可視化してよりくわしく確認します。

最後に、データに重複がないかをduplicatedメソッドで調べます。

```
df.duplicated()
```

duplicatedメソッドは上から1行ずつデータに重複がないかを確認します。ある行で、すでに調べた行に同じデータがあると検出された場合、その行に対してTrueを返し、重複を知らせます[*5]。Falseが返されれば、その行との重複はデータ内にはありません。ここで取り上げたデータで言えば、インデックス番号3のデータが重複したデータであることがわかります。

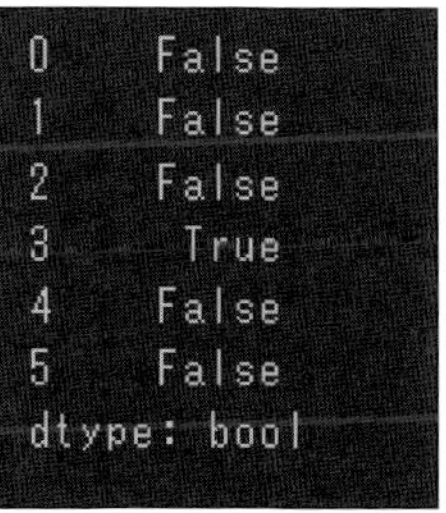
```
0    False
1    False
2    False
3     True
4    False
5    False
dtype: bool
```

図4-9

図4-6のデータで重複を調べた結果。インデックス番号3が重複データとわかった

＊5　引数keepの初期値がfirstに設定されているため、このような動作になります。

データの前処理

データを確認した結果、データの欠損や重複があることがわかりました。実際のデータ分析過程でも、データが分析したい人の望み通りの形であることは、今のところ少なそうです。もし皆さんの会社が提供してくれるデータがそうでなかったら、データ基盤を整えてくださっている担当者に感謝しましょう。こうしたデータの不備は分析作業の前に、できるだけ解消しておきたいところです。Chapter1で触れた通り、これをデータの「前処理」と言います。

前処理では、データを確認したときにどのような状態になっているかによって、どのように修正するかは変わってきます。ここまで見てきたデータの場合、前処理方針は次のように決めました。

① 「ようこ」さんの勤務地は「東京」とわかっているので挿入する
② 重複データは同一人物とわかっているので、重複分を削除する
③ 年齢、収入の欠損値は、代替として中央値を使う

この方針に従って、pandasを使ってプログラムで修正していきましょう。

まずは、ようこさんの勤務地を挿入します。該当するインデックス名は2で、カラム名は勤務地です。そこで

```
df.loc[2, '勤務地'] = '東京'
```

とすることで、該当する位置すなわち「ようこ」さんの勤務地に「東京」を代入します。

次に重複データを削除します。この方針であれば、どの位置に重複データがあるか、どれだけ重複しているデータがあるかにかかわらず、drop_duplicatesメソッドを使うと重複データをすべて削除できます。

```
df1 = df.drop_duplicates().copy()
```

最後に、年齢・年収の欠損値を、fillnaメソッドを使って代替値で埋めます。今回はfillnaメソッドを使う際に、該当する項目の中央値を計算して渡します。その場合は、引数inplaceにTrueを渡すことで、もとのDataFrameの欠損値を直接書き換えます。　次のコードで、「年齢」と「収入」

について、欠損部分を中央値に書き換えます。

```
df1['年齢'].fillna(df1['年齢'].median(), inplace=True)
df1['収入'].fillna(df1['収入'].median(), inplace=True)
```

この結果、元データは前処理を経ることにより、次のようになりました。これで、分析のプロセスへと進められます。

	名前	年齢	勤務地	性別	収入
0	さとし	30.0	東京	男	7000000.0
1	ひろし	31.0	大阪	男	7500000.0
2	ようこ	32.0	東京	女	7250000.0
4	ひろし	31.0	大阪	男	6500000.0
5	いろは	31.0	名古屋	女	8500000.0

図4-10
欠損値に代替となる値を埋め込み、前処理を終えた状態のデータ

ここではpandasの機能と使い方を紹介することが目的のため、データ全体を見渡しやすい、小さいデータを取り上げました。このためていねいに欠損値を埋めることができましたが、データ量が多くなるとそれも難しいケースがあります。実際の現場では欠損値があるデータはすべて落とすといった判断をすることもあります。DataFrameにはdropnaメソッドが用意されており、そういった方針で前処理する際に使われます。

コード4-21　dropnaメソッドで欠損値があるインデックスを削除するコードの例

```
df2 = pd.DataFrame(data_dict)
df2 = df2.dropna()
```

もう一度、初期状態のデータを作って、dropnaメソッドを実行してみました。どのように処理されたかを確認してください。

	名前	年齢	勤務地	性別	収入
0	さとし	30.0	東京	男	7000000.0
1	ひろし	31.0	大阪	男	7500000.0
3	さとし	30.0	東京	男	7000000.0
4	ひろし	31.0	大阪	男	6500000.0

図4-11

欠損値のあるインデックスを削除したデータ

pandasは前処理以外でも、データ分析の各工程で大活躍します。ここではその機能のほんの一部を紹介しました。各工程での活躍はChapter5以降のハンズオンをご覧ください。また、ここで紹介した以外の機能を知りたい場合は、公式ドキュメントなどを参照してください。

Shapely

Shapelyは平面幾何学的なオブジェクトを操作、分析するためのPythonのライブラリです。Shapelyを使うことにより、地理空間情報の操作が簡単になります。ちなみに、C/C++で作られたGEOSをラップして作成されています。

主なオブジェクト

地理空間オブジェクトとしては、基本的に点、線、面の３種類が扱えます。また、それぞれの種類を複数持つオブジェクトや、どの種類のオブジェクトも持てるオブジェクトもあります。

表4-4 Shaplyで扱える主なオブジェクト

オブジェクトの形状	クラス	複数扱う場合のクラス
点	Point	MultiPoint
線	LineString	MultiLineString
面	Polygon	MultiPolygon
複数の形状	―	GeometryCollection

では、主なものについてくわしく見ていきましょう。

Point

Pointクラスは位置を点で表現します。位置の情報は経度、緯度の順に渡します。次に4つの位置を変数に格納したあと、それぞれをMultiPointに格納します。

まずは次のコードを試してみてください。まずはライブラリをインポートします。

```
from shapely.geometry import Point, LineString, Polygon, MultiPoint,
                       MultiLineString, MultiPolygon, GeometryCollection
import folium
```

その上で、次のように4点の位置を指定して（1～4行目）、4点をひとまとめにします（5行目）。

```
01 point1 = Point(135.758, 34.985)        ……位置情報は経度、緯度の順で渡す
02 point2 = Point(135.729, 35.039)
03 point3 = Point(135.746, 35.066)
04 point4 = Point(135.798, 35.027)
05 multip = MultiPoint([point1, point2, point3, point4])
                                          ……複数のポイントを格納
06 print(point1)
07 print(multip)
```

これを実行すると、次のように格納された位置情報を確認できます。

実行結果

```
POINT (135.758 34.985)
MULTIPOINT (135.758 34.985, 135.729 35.039, 135.746 35.066, 135.798
                                                             35.027)
```

次に、位置情報を可視化するライブラリfoliumを使って、作成した点を可視化、具体的には地図上にマッピングします。foliumについては本章のコラム「foliumで地図のデータを動的にプロットする」で説明するので、ここはこう記述するものと思って先に進めてください。

```
01 center = multip.centroid
02 m = folium.Map([center.y, center.x], zoom_start=12)
03 folium.Marker([center.y, center.x], icon=folium.Icon(color='red')).
                                                             add_to(m)
04 folium.GeoJson(multip).add_to(m)
05 m
```

このコードについて説明します。まず1行目で、複数のポイントを格納した変数multipの

centroid属性から、4つの点の中心点の情報を取得します。

続く2行目で、foliumのMapオブジェクトを作成します。第1引数のlocationに地図の中心点の情報をタプル、もしくはリストに格納して渡します。中心点の情報は緯度、経度の順に渡す点に注意してください。Pointオブジェクトはx属性に経度、y属性に緯度の情報を持ちます。中心点の情報は1行目で作成したPointオブジェクトであるcenterのy属性、x属性をリストに格納して渡しました。

3行目でマーカーをマップにプロットするfoliumのMarkerクラスを用いて、中心点をプロットします。これをadd_toメソッドを使って2行目で作成したMapオブジェクトmにデータとして追加します。さらに、Iconクラスを用いて表示するマーカーの色を赤色に設定しました。

4行目では、GeoJsonオブジェクトをマップにプロットするGeoJsonクラスを使って、変数multipに格納した4カ所の位置情報をMapオブジェクトmにプロットしています。そして5行目で、完成したMapオブジェクトを表示します。

これを実行してみましょう。マップが出力されます。

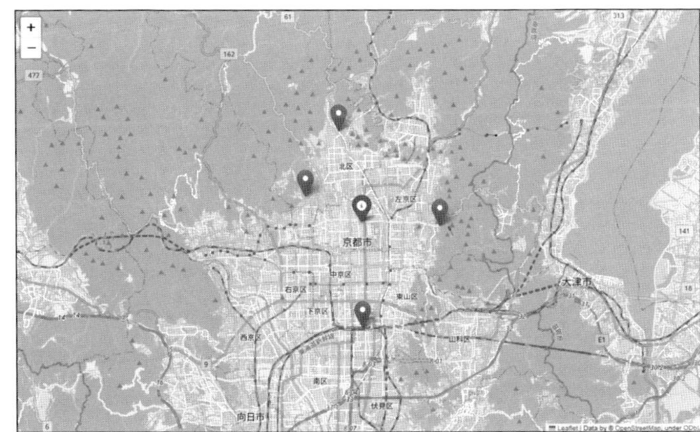

図4-12

京都市内の有名観光スポットと、中心がマップ上にプロットされた

マップの出力結果を見ると、変数point1からpoint4として格納したのは京都市内の情報だということがわかりました。ちなみに南は京都駅、西は金閣寺、北はMKボウル、東は銀閣寺の位置情報です。

LineString

二つ以上、つまり複数の点を順につないでいくと線になります。先ほどの４点を四角形と見たときに、その対角線となる２本の線が交わる点を求め、それぞれを可視化してみましょう。それに加えて、３点をつないで、変数line3に渡し、地図上に表示してみます。

```
01 line1 = LineString([point1, point3])
02 line2 = LineString([point2, point4])
03 line3 = LineString([point1, point2, point3])
04 multil = MultiLineString([line1, line2])
05
06
07 intersection_point = line1.intersection(line2)
08 center = multil.centroid
09 m = folium.Map([center.y, center.x], zoom_start=12)
10 folium.Marker([intersection_point.y, intersection_point.x]).add_to(m)
11 folium.GeoJson(multil).add_to(m)
12 folium.GeoJson(line3, style_function=lambda feature:{'color':'red'}).add_to(m)
13 m
```

1行目と2行目で、向かい合う2点を組み合わせて格納し、LineStringに渡します。3行目では、４点の３点をつなぐようにしました。

４行目では、line1とline2をまとめたオブジェクトを作ります。

７行目のintersectionメソッドにより、line1とline2の交わる点の座標を求めます。コードに従えば、「line2と交わるline1上の点」を求めるという感じでしょうか。

そして10行目で、7行目で算出した交点を地図上にマーカーとしてプロットします。

これ以外のコードにも重要な意味はありますが、ここではLineStringオブジェクトを使うと線が引けるということがわかればいいので、これ以上は説明しません。Shapelyの詳細なコーディングについては、ハンズオンの中でくわしく説明します。

これを実行すると、３点を設定したline3が赤、対角線にあたるline1とline2が青の線で示され、その交点にマーカーが表示されます。

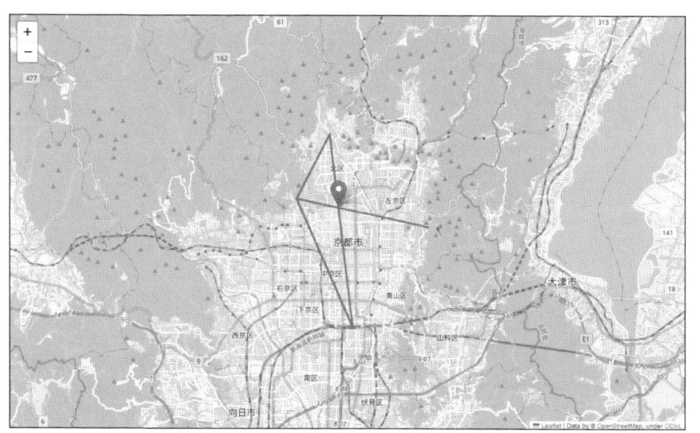

図4-13

4点をもとにした任意の直線および交点をプロットしたマップ

Polygon

Polygonオブジェクトは位置情報を面で表現します。任意の4点をつないで、Polygonオブジェクトを作成してみます。次のプログラムでは、Polygonオブジェクトを作ったあと、そのポリゴンを囲む最小の四角形を作り、可視化しています。

```
01 poly1 = Polygon([point1, point2, point3, point4])
02 center = poly1.centroid
03 poly_rect = poly1.minimum_rotated_rectangle
04 
05 m = folium.Map([center.y, center.x], zoom_start=12)
06 folium.GeoJson(poly1).add_to(m)
07 folium.GeoJson(poly_rect, style_function=lambda feature: {'color':
                                                        'green'}).add_to(m)
08 m
```

このコードでは3行目に注目してください。1行目で、poly1として指定した4点をもとに、minimum_rotated_rectangle属性を使って、ポリゴンを囲む最小の四角形の情報を取得しています。

これを実行し、地図上の四角形を見てみましょう。

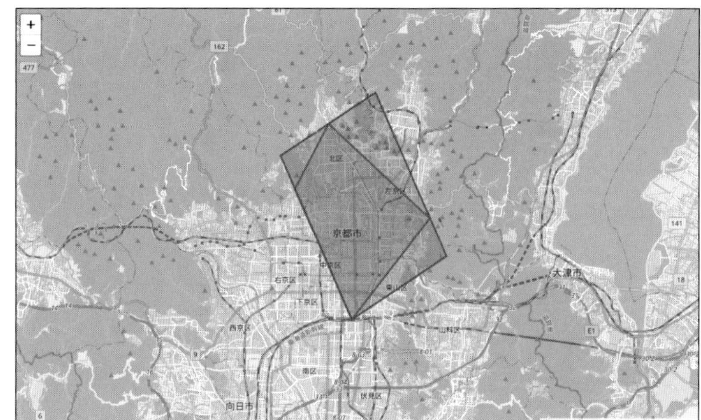

図4-14
京都市内の4点をもとに作成した四角形を可視化したところ

GeometryCollection

GeometryCollectionクラスを使うとさまざまな種類の位置情報を、それぞれ異なるクラスのまま格納することができます。ここまで作ったオブジェクトのうち、poly1（point1～point4で構成されたポリゴン）、multil（point1～point3をつないだ線）、multip（point1～point4の位置情報）をまとめて渡して可視化してみます。

```
geo_col = GeometryCollection([poly1, multil, multip])

center = poly1.centroid
m = folium.Map([center.y, center.x], zoom_start=13)
folium.GeoJson(geo_col).add_to(m)
m
```

これを実行すると、次のような地図が表示されます。こんな使い方までサポートされているライブラリなのだとおわかりいただければと思います。

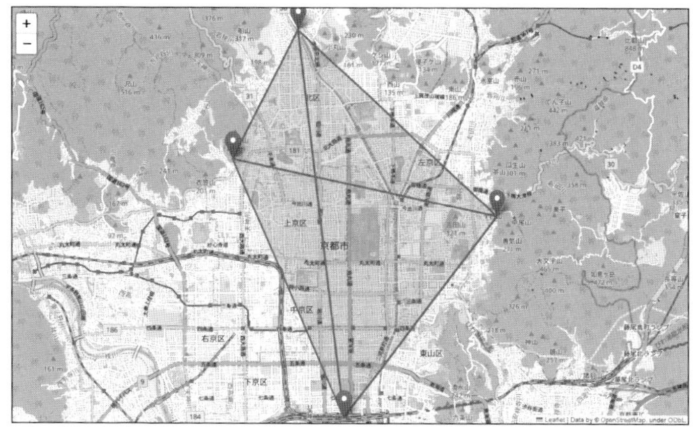

図4-15

点、線、ポリゴンと種類の異なるオブジェクトをまとめて扱えるGeometryCollectionを使って、それぞれを可視化した例

GeoPandas

GeoPandasは、Pythonから地理空間情報を容易に扱うためのオープンソースのライブラリです。pandasを拡張して作成され、geometry属性（列）やcrs属性に地理空間情報を持ちます。注意点としては、Windowsではインストールが難しい点にあります。公式ではconda（Anacondaに含まれるパッケージマネージャ）を使ったインストールが推奨されています。ですが、本書ではColabを開発環境に利用する前提にしています。Colabを使えば簡単にGeoPandasを使えます。

基本的な使い方

GeoPandas自体はColabにあらかじめインストールされています。ここではgeopandasを試すために、サンプルデータを持つgeodatasetsと、地図をインタラクティブに表示できるmapclassifyをpipを用いてインストールします。

通常はターミナルでpipコマンドを使ってライブラリをインストールしますが、Colabにはターミナルがありません。そこで、コードセルに

```
!pip
```

と記述することで、必要なライブラリをインストールします。

インストールするライブラリは、geodatasets、mapclassifyです。

コード4-22　必要なライブラリをインストールする

```
!pip install geodatasets
!pip install mapclassify
```

次のコードで、インポートに続いてサンプルデータを読み込み、データを表示します。

コード4-23　GeoPandasを試しに使うための準備

```
import geopandas as gpd
from geodatasets import get_path
import plotly.express as px

data_path = get_path('nybb')
data = gpd.read_file(data_path)
data
```

これを実行して結果を確認すると、一番右にgeometry列があります（5番目のカラム）。ここに、shapelyのMultiPolygonオブジェクトに数値が渡されたものがあるため位置情報が格納されていることがわかります。

図4-12　geodatasetsで取得したサンプルデータの例

	BoroCode	BoroName	Shape_Leng	Shape_Area	geometry
0	5	Staten Island	330470.010332	1.623820e+09	MULTIPOLYGON (((970217.022 145643.332, 970227....
1	4	Queens	896344.047763	3.045213e+09	MULTIPOLYGON (((1029606.077 156073.814, 102957...
2	3	Brooklyn	741080.523166	1.937479e+09	MULTIPOLYGON (((1021176.479 151374.797, 102100...
3	1	Manhattan	359299.096471	6.364715e+08	MULTIPOLYGON (((981219.056 188655.316, 980940....
4	2	Bronx	464392.991824	1.186925e+09	MULTIPOLYGON (((1012821.806 229228.265, 101278...

GeoPandasは位置情報の可視化もできます。plotメソッドはmatplotlibを使って位置情報とShape_area列（面積）を可視化します。

```
data.plot('Shape_Area')
```

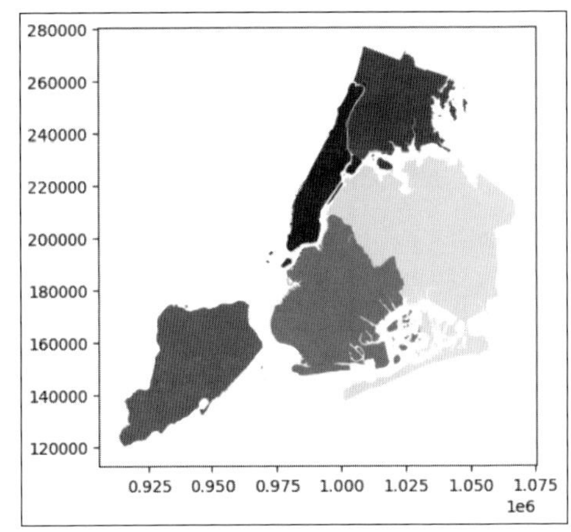

図4-13
plotメソッドによりShape_area列から該当エリアを可視化したところ

また、exploreメソッドを使うと、マップ情報を持つライブラリのfolium（くわしくはコラム「foliumで動的に地図を作成する」を参照してください）を用いて、インタラクティブな地図付きのデータ可視化ができます。

```
data.explore('Shape_Area')
```

これを実行し、地図での表示を見てみましょう。

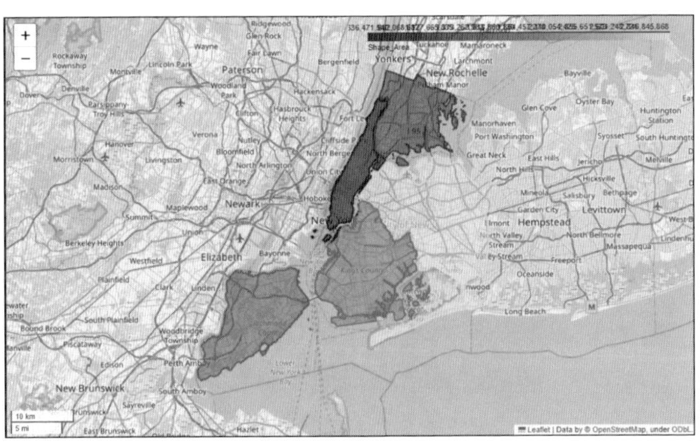

図4-14
exploreメソッドによりマップ上にデータを可視化したところ

コラム

foliumで地図のデータを動的にプロットする

foliumはJavaScriptのleaflet.jsを、Pythonから扱えるライブラリです。データを基に、地図にマーカーや階級区分図、ヒートマップを描けます。表示される地図もオープンストリートマップやMapboxなど、各種利用できます。

どのように地図が表示されるのか、見てみましょう。ここでは地図の中心点を東経135度、北緯35度とし、同じ点にマーカーを置いた地図を作成してみます。これをプログラムにすると、次のようになります。

コード4-24　foliumライブラリで地図を作成するプログラムの例

```
import folium

center = [35, 135]
m = folium.Map(center, zoom_start=8)
folium.Marker(center, popup='こんにちは').add_to(m)
m
```

これを実行してみました。

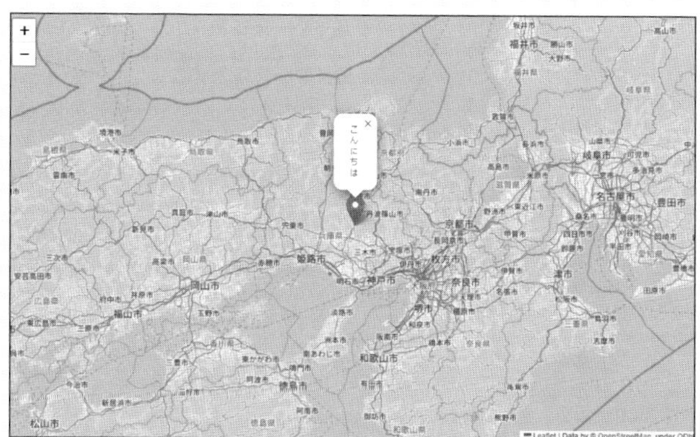

図4-15
foliumライブラリで作成した地図の例

このように簡単にプログラムから地図を表示できます。図4-14は、このfoliumを使って地図による視覚化をしてみたプログラムの実行結果です。ハンズオンでもfoliumは出てきます。位置情報を可視化するには必須のライブラリといえるでしょう。

pandas 的な利用も可能

GeoPandasはpandasがベースに拡張したライブラリのため、pandasの基本的な機能はサポートしています。このため、データをplotly.expressを使って可視化することも可能です（plotly.expressについては次節を参照してください）。

```
fig = px.bar(data, x='BoroName', y='Shape_Area', title='NY面積')
fig.show()
```

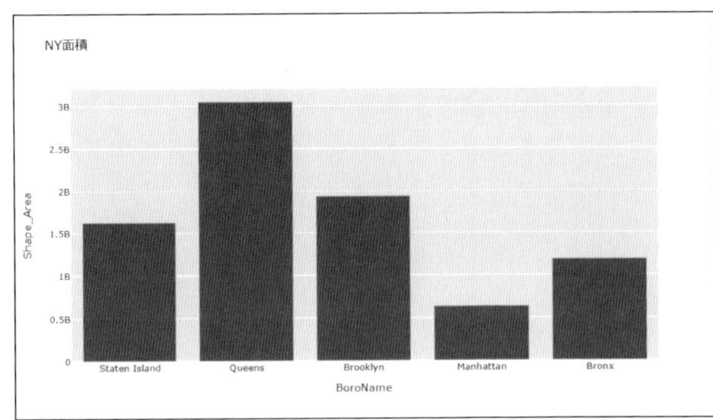

図4-16

位置情報を使わずに棒グラフで面積を可視化

plotly.express

plotly.expressは、オープンソースのグラフツールです。インタラクティブな各種グラフを少ないコードで書けることが特徴です。ここでは、plotly.expressを使った基本的なグラフの作り方と扱えるグラフの種類を紹介します*6。

グラフを作るコードの基本

plotly.expressのグラフを作るコードには基本パターンがあります。まずは、これを押さえましょう。

グラフ用コードの基本形

前提として、dfというDataFrameからグラフを作ることとし、dfはカラムにtext1とtest2を持っているとします。折れ線グラフでx軸に' text1' 列のデータ、y軸に' test2' のデータを表現する場合、次のようなコードとなります。

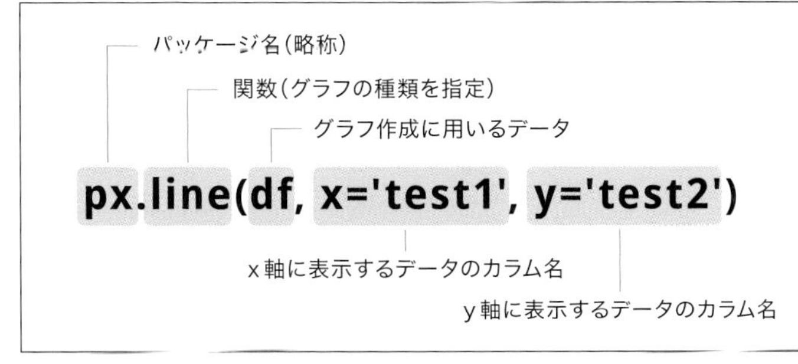

図4-17
グラフを作るコードの基本形

*6　plotlyの使い方をくわしく知りたい方は、著者が共著で執筆した『Pythonインタラクティブ・データビジュアライゼーション入門 -Plotly/Dashによるデータ可視化とWebアプリ構築-』(朝倉書店、2020年)を参照してください。

このコードでは、plotly.expressを呼び出すときにパッケージのフルネームではなくpxと記述しています。このようにコーディングするには、プログラムの先頭でplotly.expressをインポートする際

```
import plotly.express as px
```

と記述しているのが前提です。plotly.expressを利用する場合、このようにpxと略せるようにインポートするのが一般的です。

それに続く関数名でグラフの種類を指定します。折れ線グラフの場合はline、散布図ならばscatter、円グラフならばpieといった関数が用意されています。

引数としてはまず、第1引数data_frameに対してグラフ作成に用いるデータを渡します。続いてx軸に用いるデータの列名およびy軸に表示するデータの列名を記述します。

このように各引数に渡すデータを定義することにより、グラフの情報を持つFigureオブジェクトが返されます。

では、これを踏まえてplotly.expressを試してみましょう。ここではplotlyに同梱のデータセットにあるgapminderのデータを使い、折れ線グラフを作成することにします。このデータは世界各国のGDP（国内総生産）の経年変化をまとめたものです。図4-16の基本パターンに加えて、国ごとに線の色を変えるために引数colorにカラム名countryを、グラフにタイトルを付けるために引数titleに文字列のchartを渡します。

そしてFigureオブジェクトを変数figに渡し、showメソッドでグラフを表示します。

コード4-25　**国別の国民ひとり当たりGDPの推移を示したグラフを作成するプログラムの例**

```
import plotly.express as px
import plotly.data as data

gapminder = data.gapminder()        ……データを呼び出して変数に代入
fig = px.line(gapminder, x='year', y='gdpPercap', color='country',
      title='chart')      ……line関数でグラフオブジェクトを作成して変数に代入
fig.show()    ……show()メソッドでグラフを表示
```

このプログラムを実行すると、次のような折れ線グラフが表示されます。

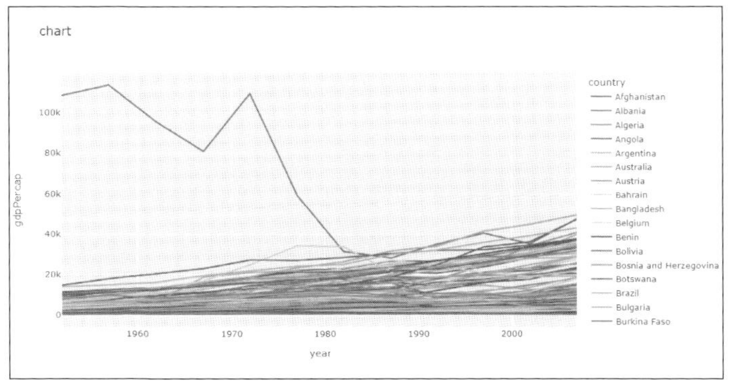

図4-18

国民ひとり当たりのGDPを折れ線グラフでプロット

ここでは、plotly.expressでは各引数にカラム名を渡すことにより、その要素がグラフに表現されると覚えておいてください。

グラフの種類

では、plotly.expressでどのようなグラフが描けるのか、見ておきましょう。plotly.expressでは36種類のグラフを作成できます（2023年7月執筆時点）。折れ線グラフや棒グラフ、円グラフのような基本的なものから、3次元グラフ、地図グラフなど多くの種類が扱えます。次の表は、分析によく使う12種類のグラフについて、それを描画する関数を示したものです。

表4-4　よく使うグラフと用意された関数

グラフ名	関数	グラフ名	関数
散布図	scatter	**2次元ヒストグラム**	density_heatmap
折れ線図	line	**箱ひげ図**	box
棒グラフ	bar	**バイオリン図**	violin
サンバースト	sunburst	**3次元散布図**	scatter_3d
円グラフ	pie	**地図上散布図**	scatter_mapbox
ヒストグラム	histogram	**階級区分図**	choropleth_mapbox

ここで一つずつは検証しませんが、いずれもコーディングする際の基本形は同じです。コード4-25のプログラムをいろいろアレンジして、それぞれどのようなグラフになるのか、試してみてください。グラフによっては細かい記法の違いがあるため、引数の記述が変わってきます。それ

については、ぜひ自分で公式Webサイト*7を調べてみることもお薦めしておきます。

グラフの使い分け

どのような分析をするかによってグラフは自由に選ぶことができますが、たくさんあるグラフの種類をどう使うかに悩む人も多いようです。グラフを決める際には、各グラフの役割を意識すると、データ観察がより効率的になります。役割によってグラフを分類すると、大きくは次のように分けられます。

- 個別のデータを観察 …… 折れ線グラフ、棒グラフ、散布図など
- 全体における割合を観察 …… 円グラフ、サンバースト、ツリーマップなど
- データの散らばりを観察 …… ヒストグラム、箱ひげ図、バイオリン図など

大きなデータを分析する際は、これらをうまく使い分けることで、データから新たな視点が得られます。図4-17は折れ線グラフで多くの国のデータをプロットしたため、グラフから詳細な情報を読み取るのが難しくなっています。時系列の推移を示しているからといって、折れ線グラフが必ずしも適切ではなかったということになります。

そこでデータの散らばりを観察できる、箱ひげ図でプロットしてみましょう。

コード4-26 **箱ひげ図を作成するコードの例**

```
fig = px.box(gapminder, x='year', y='gdpPercap', points='all',
                                            hover_name='country')
fig.show()
```

これを実行すると次のようなグラフが表示されます。

*7 URLはhttps://plotly.com/python/plotly-express/

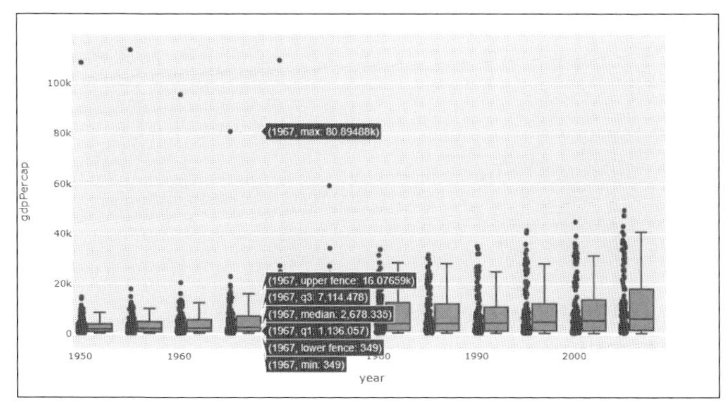

図4-19

箱ひげ図で示した国別の国民ひとり当たりGDPの推移

箱ひげ図にすることにより、国別の分布に加えて、全体の統計量も示されるようになりました。箱ひげ部分にマウスポインターを載せると、その年の統計量が示されます。line関数による折れ線グラフのときには、それぞれのグラフ上に示される情報（国、年、値）しか表示されなかったのと異なる点です。

また、グラフ上の特定の領域をドラッグして選択し、選択部分の詳細を確認することもできます。

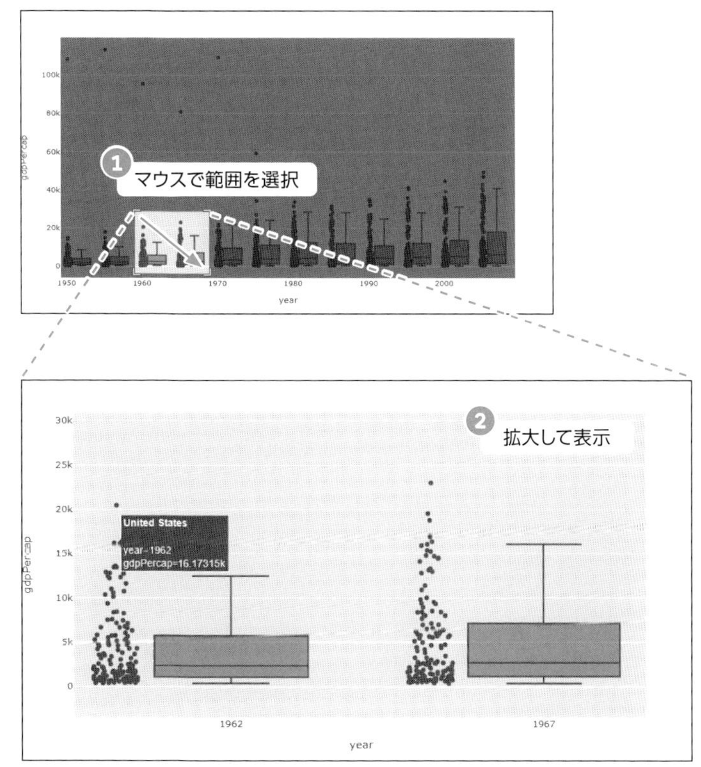

図4-20

一部をドラッグで選択して拡大表示

グラフを元に戻したい場合は、グラフ領域にマウスポインターを載せたときに表示されるメニューから、家の形のアイコンで示されるReset axesを押します。

また、データをグラフに加えることにより、より詳細なインサイトを得ることもできるようになります。たとえば引数のcolorを

```
color='continent'
```

として追加すると、大陸別に分類して表示できます。

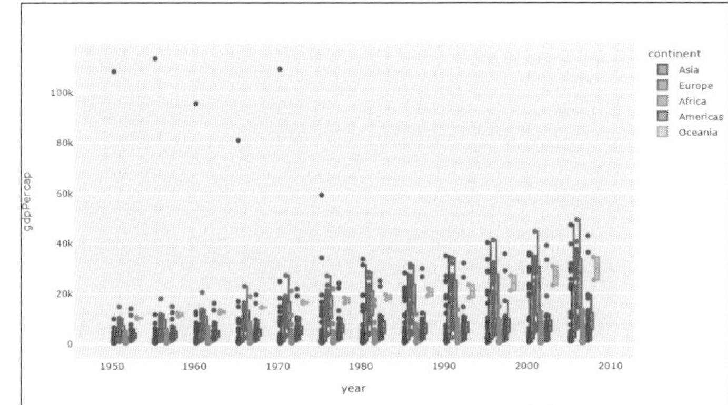

図4-21

color='continent'を追加して大陸別に表示した箱ひげ図

国別の分布および箱ひげが、大陸別に分類されるようになりました。全体をまとめたままのグラフでは見えなかったものが読み取れるようになったと思いませんか。

Panel

Panelは、Pythonを使ってダッシュボードやWebアプリケーションが簡単に作成できる、オープンソースのフレームワークです。Panelから、各種コンポーネントを組み合わせて、動的なビジュアライゼーションツールが作成できるため、多様なデータに適した可視化が可能です。またJupyter NotebookやGoogle Colabからも簡単に動かせるため、データ分析にお薦めのツールです。

基本的な使い方

Panelではコンポーネントを組み合わせて、アプリケーションを作成します。コンポーネントにはレイアウトを設定するためのTemplatesやLayouts、データやグラフを表示するPane、データを制御するウィジェットなどがあります。

ここでは、Colab上でgapminderデータをインタラクティブに観察できるアプリケーションを作成してみます。インタラクティブなデータ可視化のメリットは、会議などで「●●関連のデータだけに絞り込んだグラフを見たい」と要望された場合でも、即座にそれに応えたグラフに更新できることです。

ここでは、ひとつの折れ線グラフで表示項目及び、複数の国が選択できるアプリケーションを作成します。まずはプログラム全体を見てください。

コード4-27　Panelを使ったプログラムの例

```
import plotly.express as px
import plotly.data as data
import panel as pn
pn.extension('plotly')

gapminder = data.gapminder()

def make_plot(df, sel_cnt, col):
```

```
09      df = df[df['country'].isin(sel_cnt)]
10      fig = px.line(df, x='year', y=col, color='country',
title=f'{col}')
11      return fig
12
13  col_selector = pn.widgets.Select(name='項目選択', options=['lifeExp',
'pop', 'gdpPercap'], value='pop')
14  cnt_selector = pn.widgets.MultiSelect(name='国選択', options=list(gap
minder['country'].unique()), value=['Japan'])
15
16  graph = pn.bind(make_plot, gapminder, cnt_selector, col_selector)
17  interactive = pn.Column(col_selector, cnt_selector, graph)
18  interactive
```

ポイントになるコードがいくつかあります。まず、必要なライブラリをインポートしたのに続けて記述した、4行目の

```
04  pn.extension('plotly')
```

です。このコードにより、panelのアプリケーションでplotlyのグラフを表示できるようにします。

次に、8行目からのmake_plot関数を見てください。

```
08  def make_plot(df, sel_cnt, col):
09      df = df[df['country'].isin(sel_cnt)]
10      fig = px.line(df, x='year', y=col, color='country',
                                        title=f'{col}')
11      return fig
```

これは、グラフを動的に動かすための関数です。この関数により、指定されたカラム名や国名でグラフを更新することができます。引数を見ておきましょう。引数dfはグラフに用いるデータ、引数sel_cntはグラフに複数国を表示する目的でリストに格納した国名、引数colがグラフに表示するデータのカラム名です。

続く13、14行目で、グラフに表示する項目を動的に選択するウィジェットを作成します。

```
13  col_selector = pn.widgets.Select(name='項目選択', options=['lifeExp',
                                  'pop', 'gdpPercap'], value='pop')
14  cnt_selector = pn.widgets.MultiSelect(name='国選択', options=list(gap
                          minder['country'].unique()), value=['Japan'])
```

まず13行目で、Selectクラスを使って、グラフに表示する項目を選択肢の中からひとつ選択できるコンポーネントを作成します。optionsに選択肢をリスト形式で記述します。valueには初期値を記述します。この選択肢および初期値は、元データのカラムのいずれかを記述します。

14行目では、MultiSelectクラスを使い、グラフに表示する国を選択肢から複数選択できるコンポーネントを作成します。この2行により、グラフの表示要素を操作することができるようになります。

コンポーネントから関数を呼び出す

このコンポーネントと連動してグラフを作成する処理が16行目です。ここで、make_plot関数を呼び出しています。

```
16  graph = pn.bind(make_plot, gapminder, cnt_selector, col_selector)
```

この行では、bind関数で、make_plot関数およびこの関数に渡す引数となるデータ、表示する国、グラフ化する項目を組み合わせます。関数定義で記述した仮引数のdfに実引数としてgapmainder、同様にsel_cntにcnt_selector、colにcol_selectorをそれぞれ渡すようにしました。これでコンポーネントの操作に応じて国や項目の指定が変わるたびに、それに応じてmake_plot関数が実行され、Figureオブジェクトが更新されます。

これを17行目の

```
17  interactive = pn.Column(col_selector, cnt_selector, graph)
```

で、操作パネル（カラムを選択するウィジェットと国を選択するウィジェット）およびFigureオブジェクトをこの順で並べます。

どのような操作ができるのか、確かめてみましょう。プログラムを実行すると、次のような画面が表示されます。

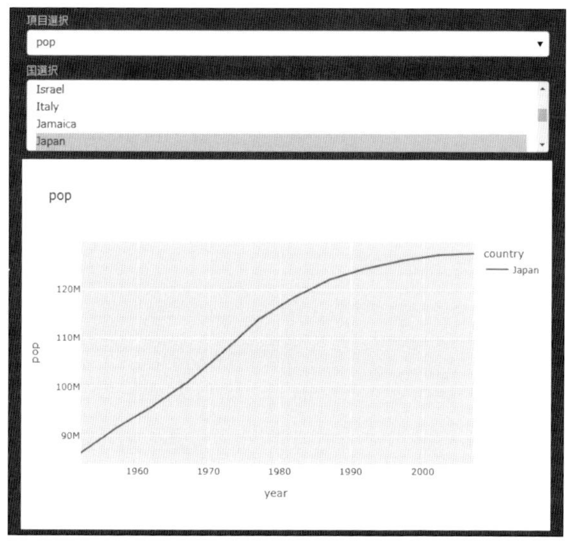

図4-22
操作ウィジェットが付いた折れ線グラフ

初期状態では、人口(pop)の推移を示すグラフで、日本のみが表示されています。そこにイタリアを追加してみます。パネルの「国選択」で、Ctrlキーを押したままイタリアをクリックしてみましょう。

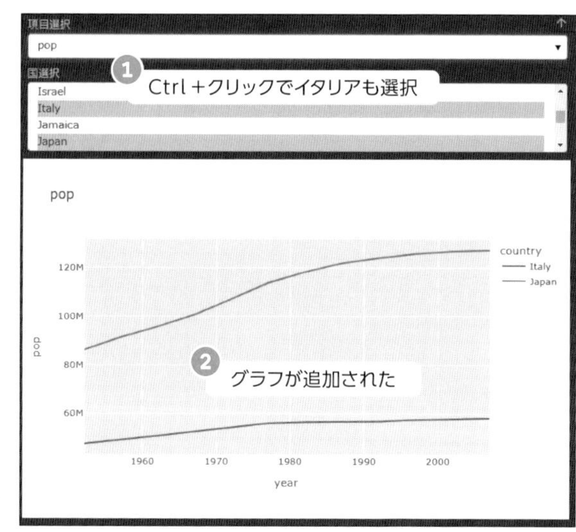

図4-23
イタリアの推移も追加した折れ線グラフ

「項目選択」の平均寿命(lifeExp)をクリックして、グラフを人口推移から切り替えます。

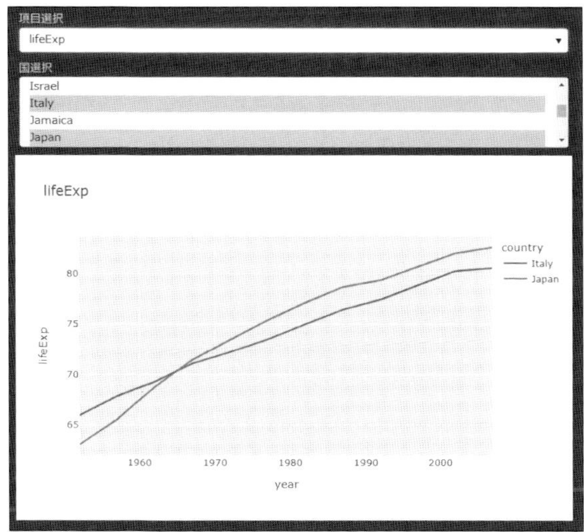

図4-24

人口のグラフから平均寿命に切り替える

このように、短いコードで簡単にインタラクティブな可視化を実現できます。インタラクティブに多くのデータを観察できるメリットは大きいため、ぜひ使えるようになりたいフレームワークです。

Chapter 5

ハンズオン

データの準備と前処理

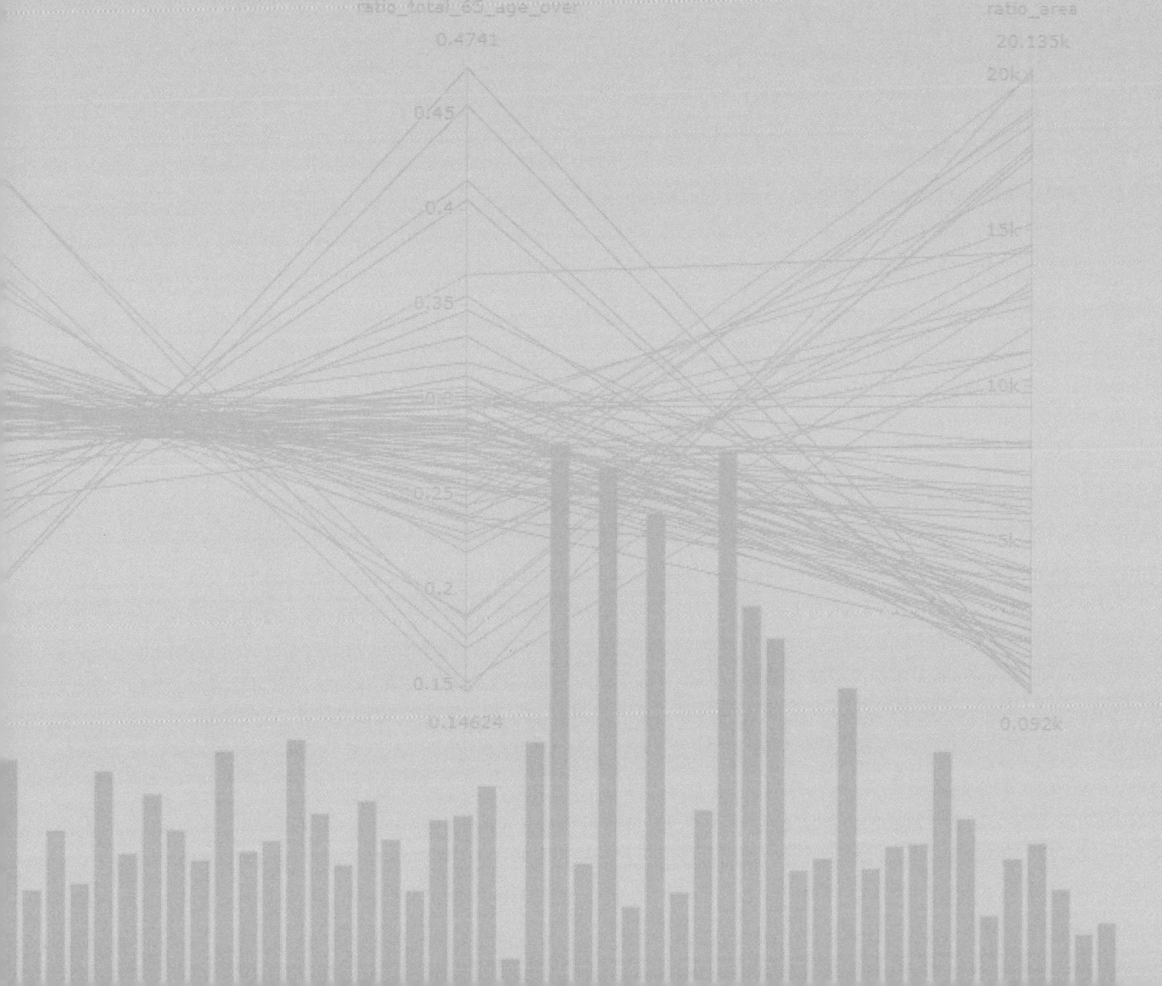

データの準備

本章では、Pythonを使ってデータを分析し、経営戦略やマーケティング戦略の立案に活用するためのハンズオンを行います。ここからの作業は、実際に皆さんにもやっていただきたいと思ってまとめました。実際のデータを使って、どのようにデータ分析を進めるのか、実際の手順を追いながらどのように分析結果を得るのかを体験してください。

ここから分析のプロセスを大きく３段階、①データの取得・前処理、②可視化、③分析に分けます。本章では①のデータの取得・前処理を取り上げます。②と③については、第６章、第７章でそれぞれ解説していきます。

ビジネス上のデータ分析ということになると、社外秘のデータが必須であると思う人も多いでしょう。もちろん、実際のビジネスデータ分析には、そのようなデータが必要な場合もあります。しかし、書籍でそのようなデータを扱うことは困難です。

でも、そうしたデータをそろえられなければビジネス向けの分析ができないかというと、決してそうではありません。官公庁や地方自治体が公開している人口動態や地域経済、たとえば地域別の住人や法人の情報、消費動向、店舗情報といった統計情報が公開されています。こうしたオープンデータだけでも、適切に分析することによりビジネスに有用な情報を読み取ることができます。

本章からのハンズオンの目的は２点あります。

① データ分析のプロセスをデータ取得から分析まで、一連の流れを体験する

② 誰でも利用可能なオープンデータから、ビジネスに活かせる分析結果を引き出す

ハンズオンでは国勢調査の年齢別人口のデータを使って、それをどのようにして分析するかを実際に体験していただきます。ぜひ、ご自分でもデータ取得から分析までの流れを実行し、オープンデータを活用した、新たなビジネスの視点を作りましょう。「どの地域に自社の製品に合う年齢層のお客様が多く住んでいるかを調べる」という課題のもと、データ分析を進めます。

国勢調査

そうした居住分布を調べるのに適しているのが国勢調査です。国勢調査は日本に住んでいる人・世帯を対象に行われる、国内でも最も重要な統計調査のうちのひとつです。調査は5年に一度実施され、直近の調査である2020年には大きく「世帯員に関する事項」の15項目、および「世帯に関する調査」の4項目、計19項目にわたって調査されました。

まず、「世帯員に関する事項」には以下の15項目があります。

③ 氏名
④ 男女の別
⑤ 出生年月
⑥ 世帯主との続き柄
⑦ 配偶の関係
⑧ 国籍
⑨ 現在の住居の居住期間
⑩ 5年前の住居
⑪ 在学、卒業などの教育の状況
⑫ 就業状態
⑬ 所属企業の名称と事業の種類
⑭ 仕事の種類
⑮ 従業上の地位
⑯ 従業地、通学地
⑰ 従業地への利用交通手段

続く「世帯に関する調査」には、以下の4項目があります。

① 世帯の種類
② 世帯員の数
③ 住居の種類
④ 住宅の建て方

国勢調査の調査結果は、政府統計の総合窓口サイトのe-Statに公開されています。国勢調査には位置情報も付与されており、地域ごとの戦略を立てるのに役立ちます。

本書では、大阪府の国勢調査のデータをもとに、人口と年齢を考慮したエリア別の経営戦略やマーケティング戦略などに役立てるためのハンズオンを行います。

データを取得する

ここから具体的な作業に入ります。まずは、e-Statの統計地理情報システム(https://www.e-stat.go.jp/gis)にアクセスして、データを取得します。このページでは統計データと境界データをダウンロードできます。統計データは統計調査の結果、境界データは位置情報です。

集計の粒度により４種類のデータが用意されており、それぞれ、データ集計の範囲とデータの種類が異なります。データの選択はやりたいことに適したものを選択してください。

表5-1　国勢調査で提供されている集計の粒度

名称	データ集計粒度	データの種類
小地域 （町丁･字等）	町丁･字等の 粒度で集計	・男女別人口総数及び世帯総数 ・年齢（５歳階級、４区分）別、男女別人口 ・世帯人員別一般世帯数 ・世帯の家族類型別一般世帯数 ・住宅の所有の関係別一般世帯数 ・住宅の建て方別世帯数 ・産業（大分類）別及び従業上の地位別就業者数 ・職業（大分類）別就業者数 ・世帯の経済構成別一般世帯数
３次メッシュ （1kmメッシュ）	1辺1kmの正方形	・人口及び世帯 ・人口移動、就業状態等及び従業地･通学地
４次メッシュ （500mメッシュ）	1辺500mの正方形	・人口及び世帯 ・人口移動、就業状態等及び従業地･通学地
５次メッシュ （250mメッシュ）	1辺250mの正方形	・人口及び世帯 ・人口移動、就業状態等及び従業地･通学地

本書の分析では年齢別のマーケティングを視野に入れているため、令和２年（2020年）の小地域のデータを使って分析します。

データの取得については、①統計データ、②境界データの順で手順を見ていきます。

統計データの取得

e-Statの統計地理情報システム(https://www.e-stat.go.jp/gis)を開き、「統計データダウンロード」のリンクをクリックします。

図5-1

総務省が公開している統計地理情報システムのWebページ。まず「統計データダウンロード」のリンクをクイックする

開いたページでは入手する統計名を指定します。ほしいのは国勢調査なので、「国勢調査」をクリックします。

図5-2

「政府統計名」に表示される調査の中から「国勢調査」を選ぶ

国勢調査のページが開くと実施年別に分類されてリンクが設けられていますが、これをクリックすると標準では全国のデータになってしまいます。ほしいのは大阪府のデータです。そこで、黄色のボックス内に用意された「都道府県で絞込みはコチラ」のリンクをクリックし、開いたウィンドウ上で「27 大阪府」を選びます。

図5-3

都道府県別のデータを入手したいので、「都道府県で絞込みはコチラ」のリンクからサブウィンドウを開き、大阪府を指定する

ページ左上の「選択条件」を見て、「大阪府」が選択されていることを確認できます。そのうえで、「2020年」の左脇にある+アイコンを開くと、エリア区分を選べるので、４種類ある分類の中から「小地域（町丁・字等）」を開きます。

図5-4
「2020年」→「小地域（町丁・字等）」と開く

ここで、統計の種類ごとに分類されたリンクが表示されるので、この中から「年齢（5歳階級、4区分）別、男女別人口」をクリックし、該当するデータのダウンロードページが開きます。

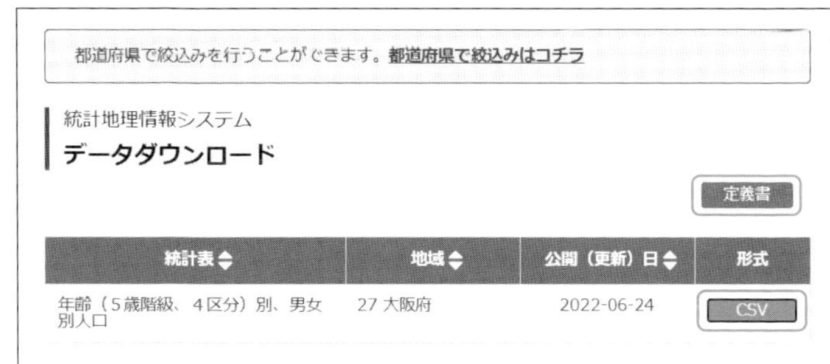

図5-5
「年齢（5歳階級、4区分）別、男女別人口」をクリックしてダウンロードページを開く

このページでCSVと定義書のボタンをクリックして、それぞれダウンロードします。CSVはZIP形式、定義書はPDFで提供されています。

境界データの取得

同じ要領で、位置情報である境界データもダウンロードします。図5-2のページに戻り、今度は「境界データ」を選びます。すると「境界一覧」が表示されるので、「小地域」をクリックして詳細を表示します。

図5-6

図5-2のページに戻り、「境界データ」を選択。続く画面で「小地域」を選ぶ

このあとは統計データと同じ要領で「国勢調査」→「2020年」を選ぶと、入手可能な境界データの一覧が表示されます。ここで、「小地域（町丁･字等）（JGD2000）」の定義書をクリックしてダウンロードします。

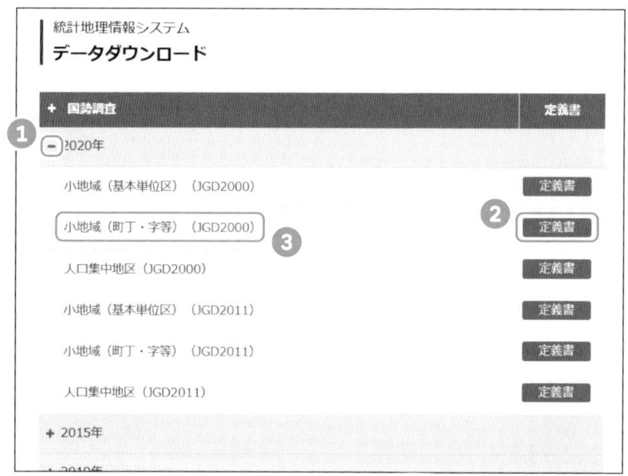

図5-7

「国勢調査」の「2020年」を開き、「小地域（町丁･字等）（JGD2000）」の定義書をダウンロードする

定義書をダウンロードしたら、「小地域（町丁･字等）（JGD2000）」のリンクをクリックします。選択可能なデータ形式が一覧表示されるので、「世界測地系緯度経度･Shapefile」をクリックします。

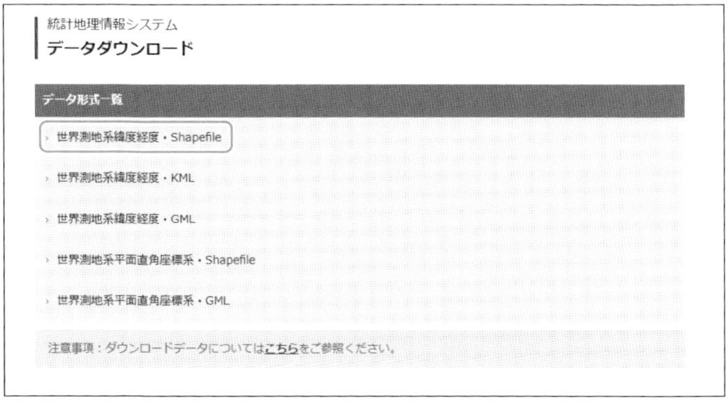

統計地理情報システム
データダウンロード

データ形式一覧

世界測地系緯度経度・Shapefile
世界測地系緯度経度・KML
世界測地系緯度経度・GML
世界測地系平面直角座標系・Shapefile
世界測地系平面直角座標系・GML

注意事項：ダウンロードデータについては<u>こちら</u>をご参照ください。

図5-8

データ形式の一覧が表示されたら「世界測地系緯度経度・Shapefile」をクリックする

続く画面では、統計データで大阪府を選んだときと同じ要領で対象の地域を指定します。すると、境界データの一覧が表示されるので「27000 大阪府全域」の「世界測地系緯度経度・Shapefile」ボタンをクリックします。これで境界データをダウンロードできます。

図5-9

境界データの一覧から「27000 大阪府全域」の「世界測地系緯度経度・Shapefile」ボタンをクリックし、境界データをダウンロードする

データの仕様を確認する

データを入手したら次にすることは、そのデータに関してよく知ること、つまり仕様を確認することです。データの持つ情報や構造などを知っていると、このあとのプロセスである前処理や分析をする段階で役立ちます。国勢調査の場合、データと同時に定義書をダウンロードしたのはこのためです。また、ダウンロードページにも重要な情報が記載されています。

どこをどう見ればデータの仕様が確認できるのかについて一般化するのはなかなか難しいで

すが、ここでは国勢調査のデータ仕様をどのように確認するかについて説明しますので、今回のハンズオンを入り口に勘所を養ってください。

Web ページの確認

まずは、データが存在するWebサイトを確認します。実は図5-1で開いたページには、「統計データダウンロード」のところに、次のような記述があることがわかります。

図5-10　ダウンロードの入り口ページにある記述。KEY_CODEが重要な役割を果たすことがわかる

＞統計データダウンロード

地図で見る統計（jSTAT MAP）に登録されている統計データをダウンロードすることができます。
境界データと結合できるコード（KEY_CODE）を追加しています。

今回の作業では、統計データと境界データを結合します。その際にKEY_CODEというデータを用いればうまく結合できることが分かります。

定義書の確認

次に、データの定義書を確認します。定義書には、そのデータがどのような情報を持つのかが書かれています。これにより、自分が想定していた情報が含まれているかがわかります。また、想定していなかった重要な情報を含んでいるといった、予想外の発見をすることもあります。実際に、最初に考えていたよりも詳細な分析ができたというケースもありました。データを入手したら具体的な作業に入る前に、必ず定義書などに書かれたデータの詳細は確認しましょう。

今回の場合は飛び地符号などが存在することがわかりました。前述のKEY_CODEと合わせて、先々のステップで利用することになります。

Colabにデータを読み込む

本書ではGoogle ColabでPythonのプログラムを作成・実行します。そこで、ダウンロードしたデータをColabで扱えるようにする必要があります。これを、①ダウンロードしたデータをGoogleドライブに格納、②Colabを起動し、格納したデータを読み込むという2段階に分けて説明しましょう。

データをGoogleドライブに格納

Googleドライブはすでにお使いの人も多いとは思いますが、あとあとプログラムから利用する前提なので、フォルダ名を確認する意味も込めて、ここでは手順を詳細に追うことにします。

Googleドライブ（https://drive.google.com）を開いたら、「新規」ボタンから「新しいフォルダ」を選び、「od-book」フォルダを作成します。

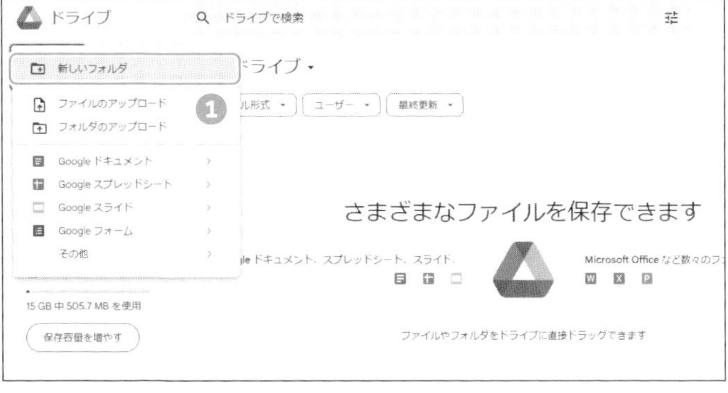

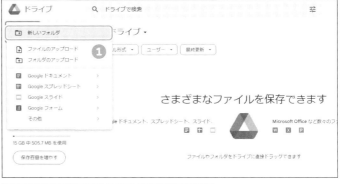

図5-11

Googleドライブ（https://drive.google.com）で、新しいフォルダを作成する

作成したフォルダの中に、国勢調査のデータを格納するフォルダを別途作成します。ここでは

「国勢調査」にしました。このフォルダに、国勢調査の統計データおよび境界データをドラッグしてアップロードします。

図5-12

「od-book」フォルダの中に「国勢調査」フォルダを作り、そこにダウンロードしていた統計データおよび境界データを格納する

作成するフォルダの名称は何でもいいのですが、あとあとの処理でこのフォルダを参照します。本書では、ここで「od-book」および「国勢調査」を作成したことを前提に解説します。

Colabを起動

ここから、Google Colabの作業に移ります。ColabでZIPファイルの内容を調べ、データを読み込んでみましょう。

まずColabの新しいノートブックを開きます。方法はいろいろありますが、ここでは国勢調査のデータとの位置関係がわかりやすいような方法で新しいノートブックを作ってみます。

図5-11で作成した「od-book」と同じ階層に、「notebook」フォルダを作ります。このフォルダがプログラムを入力する新しいノートブックの保存先になります。

図5-13

「od-book」フォルダと同じ階層に「notebook」フォルダを作る

作成したnotebookフォルダをダブルクリックして開き、ここで「新規」ボタンから「Google Colaboratory」を選びます。

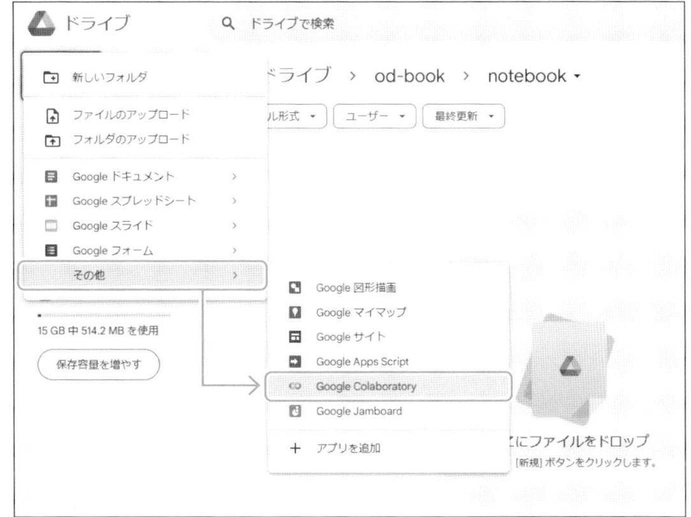

図5-14

作成した「notebook」フォルダを開き、ここで「Google Colaboratory」を新規に作成する

これで「notebook」フォルダに新規のColaboratoryのノートブックが作成され、プログラムを作成する準備が整いました。

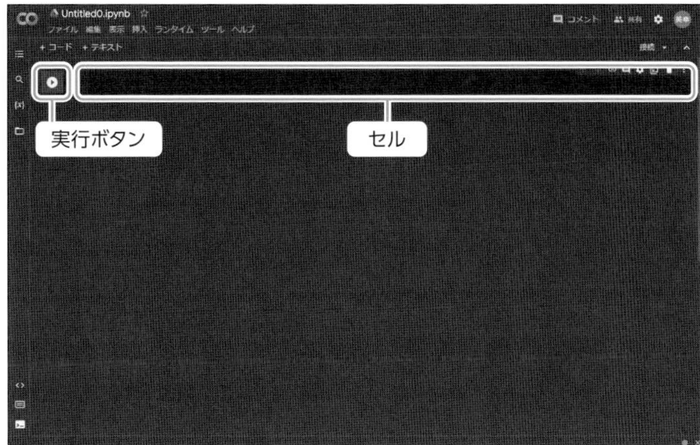

図5-15

新しいノートブックが表示された。「セル」と呼ばれる区画にプログラムをコーディングし、セルの左側にあるボタンでプログラムを実行する

ライブラリのインポート

必要なライブラリなどのインストールが終わったら、最初のセルにここで使うライブラリをインポートするコードを入力し、実行します。

```
01 from pathlib import Path
02 from zipfile import ZipFile
03 import geopandas as gpd
04 import pandas as pd
05 import plotly.express as px
```

ライブラリについては前章で紹介しましたので重複するところもありますが、復習がてらこのコードについて、各行それぞれ説明しておきましょう。

1行目はファイルシステムのパスをオブジェクトとして扱えるようにするPythonの標準ライブラリpathlibから、Pathをインポートします。

2行目はZIPファイルを扱うPython標準ライブラリのzipfileから、ZIPファイルの読み書きのためのZipFileをインポートします。

3行目は地理空間データを扱うgeopandasのインポートです。今回は境界データの読み込みに利用します。末尾に

```
as gpd
```

を付けることで、パッケージのメソッドなどを使う際にgpdと省略して呼び出せるようにしています。

4行目は表データを扱うpandasのインポートです。今回は統計データの読み込みに利用します。

最後の5行目はグラフを作成するplotly.expressのインポートです。

Googleドライブのマウント

国勢調査のデータはGoogleドライブに格納しています。このデータをColab上のプログラムから利用するには、ColabにGoogleドライブをマウントする必要があります。

Googleドライブをマウントする手順は次の通りです。

まず、ウィンドウ左端にある「ファイル」アイコンをクリックします。すると、次の図のようにナビゲーションウィンドウに「ドライブにマウント」ボタンが現れるので、これを押します。

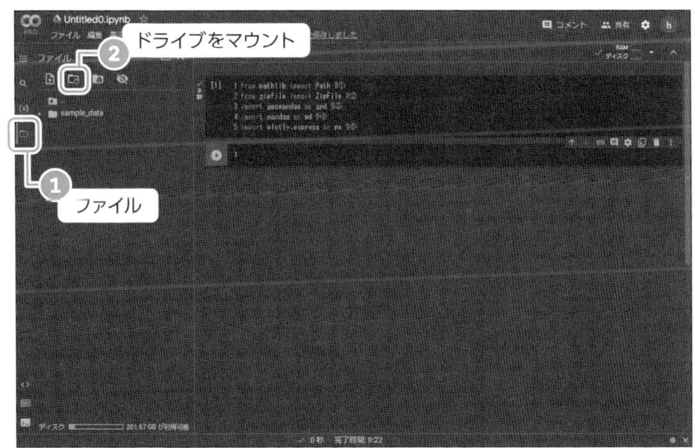

図5-16
画面左端に縦に並ぶアイコンのうち、「ファイル」をクリックし、表示される「ドライブをマウント」ボタンを押す

ここでGoogleドライブへの接続を許可するかどうかを確認する画面が表示されるので、「Googleドライブに接続する」のリンクをクリックします。

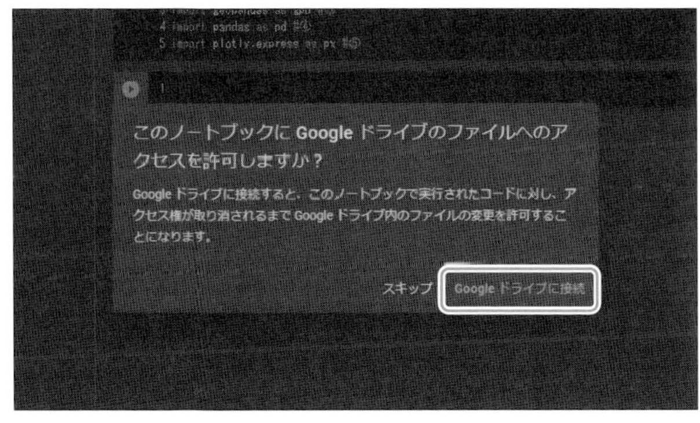

このノートブックに Google ドライブのファイルへのアクセスを許可しますか？
Google ドライブに接続すると、このノートブックで実行されたコードに対し、アクセス権が取り消されるまで Google ドライブ内のファイルの変更を許可することになります。
スキップ
Google ドライブに接続

図5-17
Googleドライブへのアクセスを許可するかどうかについて尋ねられるので、「Googleドライブに接続する」をクリック

場合によってはここでGoogleドライブへのログイン画面が表示されるかもしれません。そのときはログインするアカウントを指定します。

すると、ナビゲーションウィンドウのファイルツリーに「drive」が表示されます。ここからGoogleドライブのファイルにアクセスできるようになります。この段階でdriveがツリーに表示されない場合は「更新」ボタンを押しましょう。

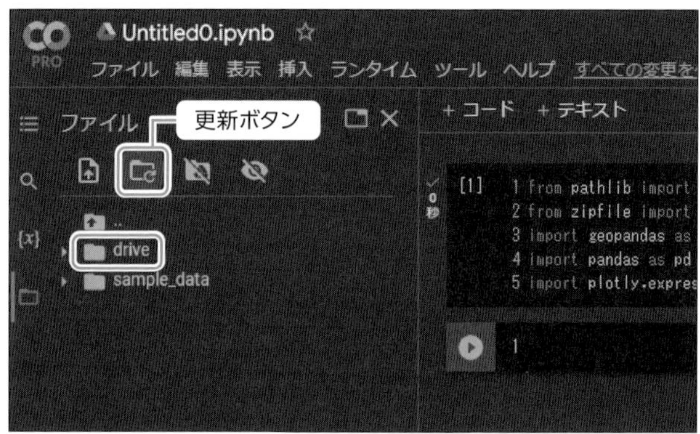

図5-18
ファイルツリーにGoogleドライブがdriveとして表示される。表示されない場合は「更新」ボタンを押す

driveをクリックするとその配下にあるMyDriveが現れ、これを開くと図5-12で作成した「od-book」および「国勢調査」フォルダが現れます。これを開くと、統計データおよび境界データがツリー上に表示されます。

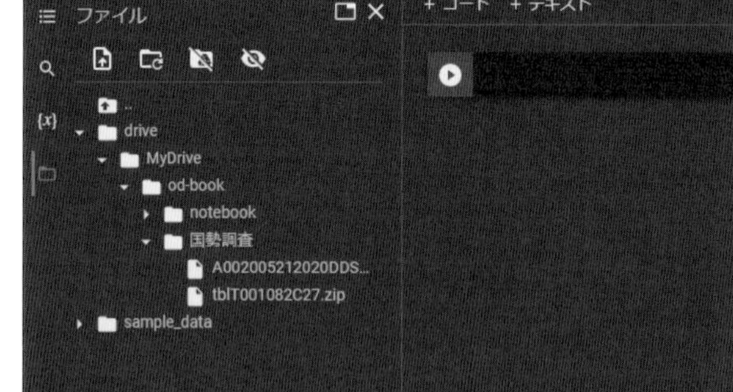

図5-19
driveから順にフォルダを開いていくと、Googleドライブ上に作成したフォルダが現れ、「国勢調査」フォルダ内にダウンロードした国勢調査のデータが表示される

ZIP ファイルを操作する

ZIP ファイルの操作も、Pythonで可能です。Colabでやってみましょう。手順としては、大きく３段階で進めます。

① ファイルのパスを取得する
② ZIP ファイルの中身を調べる
③ ファイルを読み込む

ZIP ファイルの中身を調べるところまではOS 標準のファイル操作でも可能ではあります。が、すべてプログラムで完結させるために、ファイルを読み込むコードは必要です。

ファイルの「パス」は、コンピュータのどこにファイルが存在するかを示す文字列です。Colabの場合、画面左側に表示されているツリーに表示された目的のファイルを右クリックします。そこで表示されるメニューから「パスをコピー」を選択します。

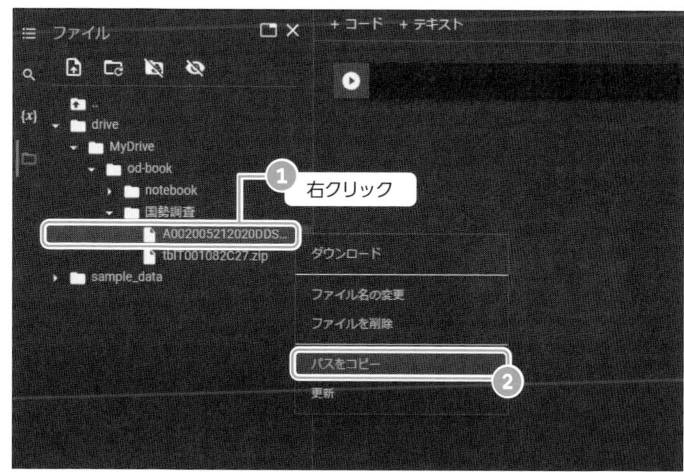

図5-20
目的のファイルを右クリックして「パスをコピー」を選ぶ

コピーしたパスをプログラムから利用できるよう変数に渡るコードを記述します。ZIPファイルはAから始まるファイルが境界データ、tblから始まるファイルが統計データとなります。

```
01 a_path = '/content/drive/MyDrive/od-book/国勢調査/A002005212020DDSWC27.zip'
02 t_path = '/content/drive/MyDrive/od-book/国勢調査/tblT001082C27.zip'
03 print(a_path)
04 print(t_path)
```

ここでは変数a_pathに境界データのパスを、変数t_pathに統計データのパスを格納しました。セルにこのコードを入力する際、

```
a_path =
```

までは自分で入力し、ここでシングルクォーテーションを1つ、キーボードで入力します[*1]。するとセル内では

実行結果

```
a_path = ''
```

と自動的にシングルクォーテーションが２つ入力されるので、その間にCtrl+Vでコピーしたパスを貼り付けるという操作でコーディングできます。

３行目、４行目で、コピーしたパスをプログラムとして受け取れているかを確認できるよう表示します。このセルを実行してみましょう。

実行結果

```
/content/drive/MyDrive/od-book/国勢調査/A002005212020DDSWC27.zip
/content/drive/MyDrive/od-book/国勢調査/tblT001082C27.zip
```

このようにパスを格納できたことがわかります。

次に、ファイルパスをPathオブジェクトとし、それぞれを変数に代入します。そうすることで、次に確認するようファイルパスをオブジェクトとして、さまざまな処理ができるようになります。この処理はここでは必ず行う必要はありませんが、分析に大量のファイルが必要で、それを同じフォルダにまとめた状態で処理するときなどに便利です。

*1　本書では文字列に対してシングルクォーテーションを使うようにしています。Pythonではダブルクォーテーション（"　"）も使えます。

```
toukei_zip_path = Path(t_path)
kyokai_zip_path = Path(a_path)
```

オブジェクトにすることにより、ファイル名を取得したり、拡張子を省略したファイル名として取得したり、オブジェクトの上位パス[*2]を取得したりといったことが簡単な記述で可能になります。

```
print(toukei_zip_path.name)       ……ファイル名を取得
print(toukei_zip_path.stem)       ……拡張子を省略したファイル名を取得
print(toukei_zip_path.parent)     ……オブジェクトの上位パス
```

このセルを実行してみましょう。それぞれ何が取得できたかを確認してください。

実行結果

```
tblT001082C27.zip
tblT001082C27
/content/drive/MyDrive/od-book/国勢調査
```

もう少しファイル操作の説明を続けます。次に、統計データのZIPファイルに格納されているファイル情報を表示します。ここでは、①ZIPファイルを開く、②ファイル情報を取得する方法を見てみます。

まずは、次のセルに以下のコードを入力してください。

コード5-1　**統計データのファイル情報を表示するコード**

```
01 with ZipFile(toukei_zip_path, 'r') as toukei_zip:
                                              ……ZIPファイルを開く
02     toukei_zip_info = toukei_zip.infolist()
                                              ……ZIPファイルの情報を取得する
03 print(toukei_zip_info)
```

1行目のwith文では、ZipFileクラスを使ってZIPファイルを開いています。with文を使うと、

＊2　対象のオブジェクトが格納されているフォルダに相当します。

このコードブロックが終了したときにファイルが自動的に閉じられます。今回のようにファイルからデータを取り込む場合は、ファイルを開いたままにしないようにwith文がよく使われます。ZipFileには統計データのzipファイルのパスを渡したあと、第2引数として

```
'r'
```

を渡しています。これは対象のファイルを読み取り専用モードで開くことを指示します。ここで開いたファイルはZipFileオブジェクトとして変数toukei_zipに渡します。これまで見てきたように

```
変数 = 値
```

という記述ではないですが、with文の中では

```
as 変数名
```

をコロン（:）の前に記述することで変数toukei_zipに開いたZIPファイルを代入できます。

2行目ではinfolistメソッドを用いて、ファイルの情報を取得し、その内容を変数toukei_zip_infoに代入し、3行目で表示します。

このコードを実行すると、出力内容から1個のテキストファイルが格納されていることがわかります。

実行結果

```
[<ZipInfo filename='tblT001082C27.txt' compress_type=deflate filemode='-rw-r--r--' file_size=2384693 compress_size=851590>]
```

次に、境界データのZIPファイルに格納されているファイル名を確認しましょう。ファイル名の情報を確認するには、namelistメソッドを使います。次のコードを見てください。

```
01 with ZipFile(kyokai_zip_path, 'r') as kyokai_zip:
02     kyokai_zip_name = kyokai_zip.namelist()
03     print(kyokai_zip_name)
```

コード5-1に似ていますが、2行目でnamilistメソッドを使っているところが違います。境界データのZIPファイルには、4種類のファイルが格納されています。このため、ZIPファイルに対

してnamelistメソッドを実行すると4個のファイル名が出力されます。

実行結果

```
['r2ka27.prj', 'r2ka27.dbf', 'r2ka27.shx', 'r2ka27.shp']
```

境界データをダウンロードした手順でshapefile形式を選択しました（図5-8）。この形式は複数のファイルに地理空間情報を分けて保存します。そのため、この中のファイルが1つでも欠けると、地理空間情報を正しく読み込めません。shapefile形式のデータを扱う際には、その点に注意してください。

コラム

地理空間情報のファイル形式

地理空間情報のデータ形式には、格子状にデータを表現するラスターデータと、点（ポイント）や線（ライン）や面（ポリゴン）で表現するベクターデータがあります。本書で扱うのは後者のベクターデータです。

ベクターデータを扱うファイル形式には、いくつかの種類があります。本書で扱うshapefile形式は複数のファイルで構成されています。shapefile形式を扱う際によくあるミスが、拡張子が.shpのみを抽出して、それ以外のファイルをゴミ箱に入れてしまうことです（筆者も最初のころにやってしまいました）。すべてのファイルに必要なデータが格納されているので、shapefileを扱う場合はすべてのファイルが必要と覚えておきましょう。また、geopandasではzipファイルのままでもshapefile形式のデータを読み込めるので、自分で展開せずにZIPファイルのまま扱うのもお薦めです。

本書ではこのあとの手順で、地理空間情報データを保存する際はジオパッケージ形式（gpkg）で保存します。この形式では、生成されるファイルは1個です。そのほかよく利用されるファイル形式としてGeoJSON、KMLなどがあります。これらの形式も、データは1個のファイルにまとめられています。

データの読み込み

ここからは、各データのファイルからその内容を読み込んでいきましょう。pandasのread_csv関数やgeopandasのread_file関数は、ZIPファイル内のデータも直接扱うことができます。ここでは、ZIPファイルからデータを読み込んでみましょう。まずは統計データからです。

```
toukei_df = pd.read_csv(toukei_zip_path)
```

これがデータを読み込む場合の基本のコードです。ただし、このコードをこのまま実行すると、次のようなエラーが出力されます。

実行結果

```
UnicodeDecodeError: 'utf-8' codec can't decode byte 0x91 in position
722: invalid start byte
```

実際にはたくさんのエラーメッセージが表示され、最後にこのメッセージが表示されます。特にプログラミングを勉強し始めて間もないと、プログラムを実行してエラーが出ると混乱する場合が多く見受けられます。エラーが出てもあわてる必要がありません。Pythonはエラーメッセージを通じて間違っている部分を教えてくれています。エラーになってもあわてずに、落ち着いて出力されたメッセージを読み、そのメッセージでWeb検索するなどして、どういうエラーなのかその内容を確認して対処しましょう。ChatGPTなどの大規模言語モデルに聞いてみるのもお薦めです。

前述のエラーの場合、読み込み元のファイルの文字コードがUTF-8ではないことが、エラーが出る原因となっています。エラーメッセージが「utf-8コーデックではデコードできない」と言っているためです。これにより、PythonがUTF-8で読み込もうとしたのに対して、データがUTF-8ではないと推測できます。このため、read_csv関数の引数encodingで統計データに使われている文字コード指定する必要があります。

日本国内のオープンデータや統計データのCSVファイルの場合、文字コードがCP932になっていることが多いです。CP932はMicrosoftがShift_JISを拡張した文字コードです。

そこで文字コードにCP932を指定して、ファイルを読み込みます。

```
toukei_df = pd.read_csv(toukei_zip_path, encoding='cp932')
toukei_df.head()
```

コードを実行することにより、うまく読み込めることを確認してください。2行目のheadメソッドを使うことで、すべてのデータを表示するのではなく、冒頭の5行だけを表示するようにしました[*3]。これにより、次の図のように表示されます。

	KEY_CODE	HYOSYO	CITYNAME	NAME	HTKSYORI	HTKSAKI	GASSAN	T001082001	T001082002	T00108200
0	NaN	NaN	NaN	NaN	NaN	NaN	NaN	総数、年齢「不詳」含む	総数0～4歳	総数5～
1	2.710200e+04	1.0	大阪市都島区	NaN	0.0	NaN	NaN	107904	3785	406
2	2.710200e+08	3.0	大阪市都島区	片町	0.0	NaN	NaN	2408	67	3
3	2.710200e+10	4.0	大阪市都島区	片町一丁目	0.0	NaN	NaN	1562	47	2
4	2.710200e+10	4.0	大阪市都島区	片町二丁目	0.0	NaN	NaN	846	20	

5 rows × 67 columns

図5-21
統計データの冒頭の5行分が表示された

この図からはわかりにくいかもしれませんが、ここで表示されたカラムと0行目を見ると、カラムがずれているよう見えるところがあります。このデータを分析に使うには手直しが必要であるように感じられます。そのあたりは、次のプロセスであるデータの前処理でくわしく説明します。

次に境界データをgeopandasのread_csv関数で読み込みます。

```
gis_df = gpd.read_file(kyokai_zip_path)
gis_df.head()
```

このセルを実行すると、ここでも冒頭の5行を表示します。pandasのようにさまざまな位置情報を表データとして持っているのに加え、最後の列にあるgeometryにshapelyのPolygonオブジェクトとして位置情報を持ちます。

＊3　なお列数は67列あります。

N_KEN	N_CITY	KIGO_I	KBSUM	JINKO	SETAI	X_CODE	Y_CODE	KCODE1	geometry
NaN	NaN	NaN	0	0	0	135.286628	34.397788	0000-00	POLYGON ((135.28779 34.39860, 135.28818 34.398...
NaN	NaN	NaN	14	1562	1155	135.524883	34.692489	0010-01	POLYGON ((135.52721 34.69363, 135.52724 34.693...
NaN	NaN	NaN	15	846	680	135.531182	34.695200	0010-02	POLYGON ((135.53374 34.69707, 135.53385 34.696...
NaN	NaN	NaN	23	1411	845	135.524147	34.694857	0020-00	POLYGON ((135.52545 34.69737, 135.52585 34.697...
NaN	NaN	NaN	29	2046	1541	135.528304	34.696303	0030-01	POLYGON ((135.52775 34.69448, 135.52707 34.694...

図5-22

境界データを読み込んで開いたところ（右端）

これでダウンロードした国勢調査のデータをColabに読み込めました。「では、次にデータを分析だ！」と思った方、それはまだ気が早いです。統計データの確認のところでも少し触れましたが、こうしたデータはほとんどの場合、データの欠損があったり、入力値におかしなところがあったりと、何らかの不備があるものです。それを確認、修正してから分析しないと、満足のいく結果は得られません。そうした手直しの段階を「データの前処理」と呼びます。続いて、このデータの前処理をやっていきましょう。

データの前処理

入手したデータがすぐに分析に取りかかれるような“完璧”なデータであることは、あまりありません。データの値が特殊だったり、必要なデータを得るには計算処理などの加工が必要だったり、データの入力行がずれていたりといったように、分析にすぐ着手できない要因にはさまざまなものがあります。

何らかの要因でデータがそのまま分析に使えない場合、手直しが必要になります。このステップが前処理です。前処理はデータを分析に使いやすい形にデータを整えるステップといえます。

データの前処理は次のステップで進めます。

① データを読み込み・確認
② どうすれば分析に使いやすいデータになるか検討
③ 検討した結果に従ってデータを修正

前処理の作業を一般化することは困難です。なぜなら、必要なデータや分析したい内容により、処理の方法が変わるからです。「データの作成に携わる担当者が変わったら、データの作りが変わってしまった。」というようなこともあります。このため、前処理の経験を積むことで、適切な判断、迅速な処理ができるようになるタイプのものです。ここから見ていくように、pandasには前処理を簡単に処理できるような機能がたくさん用意されています。pandas以外にも、前処理に有効なツールはいろいろあります。そうしたツールを使いながら、上達を目指しましょう。

そこでここからは、実際にダウンロードした国勢調査のデータがどうなっているかを確認し、それをどう修正していくのかという実例を見ていただきます。まずは統計データを前処理し、それから境界データを前処理していきましょう。

統計データの内容確認

ここからはPythonを使って、前処理の作業に取り掛かります。この作業のためにColab上では新しいノートブックを作成したという前提で説明していきます。

まずはデータを読み込み、詳細を確認します。最初に必要なライブラリをインストールします。具体的には、pandas、pathlib、plotly.express、collections.Counterです。

```
import pandas as pd
from pathlib import Path
import plotly.express as px
from collections import Counter
```

次に、pandasの表示オプションを設定します。図5-21で統計データを読み込んだときは、データがすべて表示されたわけではありませんでした。この表示は初期設定では最大20列になるためです。標準の設定は、次のコードで確認できます。

```
display_rows = pd.options.display.max_rows
display_columns = pd.options.display.max_columns

print(f'''
    最大行数: {display_rows}
    最大列数: {display_columns}''')
```

これを実行すると標準の最大行数、最大列数をそれぞれ取得・表示できます。

実行結果

```
最大行数: 60
最大列数: 20
```

国勢調査の統計データは定義書によると67列ありました。そこで、表示の最大列数は70列に設定します。

コード5-2　扱うデータの行および列のサイズを設定する

```
01  pd.options.display.max_columns=70      ……列数を70に
02  print(pd.options.display.max_columns)
```

2行目は最大列数の設定内容を表示するコードです。これを実行すると

実行結果

```
70
```

と出力され、最大列数が70に設定されたことを確認できます。

データの一部を表示して確認

次に統計データのZIPファイルを読み込み、データの冒頭部分を確認しておきましょう。

コード5-3　統計データの冒頭10行を読み込んで表示する

```
01  toukei_zip_path = Path('/content/drive/MyDrive/od-book/国勢調査/
                                                   tblT001082C27.zip')
02  df = pd.read_csv(toukei_zip_path, encoding='cp932', header=[0, 1])
                                         ……カラムの開始位置をheaderで指定
03  df.head(10)                              ……最初の10行を表示
```

2行目のread_csv関数でheaderに[0, 1]を渡しています。引数headerはヘッダーに設定する行列番号を指定できます。[0, 1]を指定することにより、データの最初の2行分（0番目と1番目）がカラム名に使われ、2番目以降の行のデータが値として表に表示されます。

3行目のheadメソッドを使うと、データの最初の難行かだけを表示できます。表示する行数は引数nに数値を渡して指定できます。初期値は5です。今回はそれよりも多く10行分を見てみたいため、引数を10にしました。

これを実行すると、次のようになります。

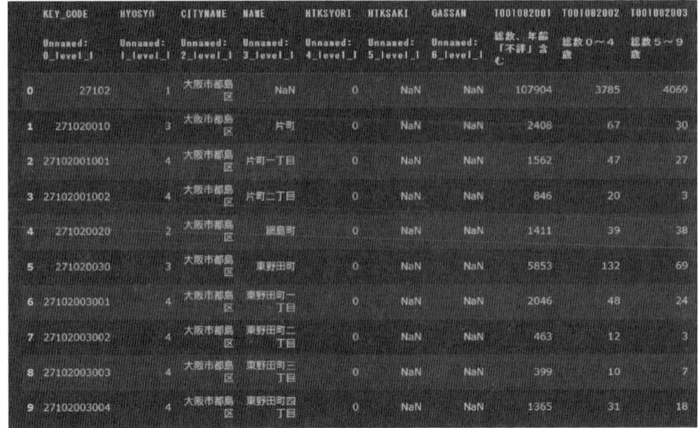

	KEY_CODE	HYOSYO	CITYNAME	NAME	HTKSYORI	HTKSAKI	GASSAN	T001082001	T001082002	T001082003
	Unnamed: 0_level_1	Unnamed: 1_level_1	Unnamed: 2_level_1	Unnamed: 3_level_1	Unnamed: 4_level_1	Unnamed: 5_level_1	Unnamed: 6_level_1	総数、年齢「不詳」含む	総数0～4歳	総数5～9歳
0	27102	1	大阪市都島区	NaN	0	NaN	NaN	107904	3785	4069
1	271020010	3	大阪市都島区	片町	0	NaN	NaN	2408	67	30
2	27102001001	4	大阪市都島区	片町一丁目	0	NaN	NaN	1562	47	27
3	27102001002	4	大阪市都島区	片町二丁目	0	NaN	NaN	846	20	3
4	271020020	2	大阪市都島区	網島町	0	NaN	NaN	1411	39	38
5	271020030	3	大阪市都島区	東野田町	0	NaN	NaN	5853	132	69
6	27102003001	4	大阪市都島区	東野田町一丁目	0	NaN	NaN	2046	48	24
7	27102003002	4	大阪市都島区	東野田町二丁目	0	NaN	NaN	463	12	3
8	27102003003	4	大阪市都島区	東野田町三丁目	0	NaN	NaN	399	10	7
9	27102003004	4	大阪市都島区	東野田町四丁目	0	NaN	NaN	1365	31	18

図5-23

コード5-3を実行した結果

一方、末尾の行を確認する場合はtailメソッドを使います。

実行結果

```
df.tail(10)
```

これを実行すると、末尾の10行が表示されます。

	KEY_CODE	HYOSYO	CITYNAME	NAME	HTKSYORI	HTKSAKI	GASSAN	T001082001	T001082002	T0010820
	Unnamed: 0_level_1	Unnamed: 1_level_1	Unnamed: 2_level_1	Unnamed: 3_level_1	Unnamed: 4_level_1	Unnamed: 5_level_1	Unnamed: 6_level_1	総数、年齢「不詳」含む	総数0～4歳	総数5～歳
10607	273830030	2	千早赤阪村	大字川野辺	0	NaN	NaN	104	4	
10608	273830040	2	千早赤阪村	大字二河原辺	0	NaN	NaN	107	5	
10609	273830050	2	千早赤阪村	大字桐山	0	NaN	NaN	143	3	
10610	273830060	2	千早赤阪村	大字吉年	0	NaN	NaN	109	-	
10611	273830070	3	千早赤阪村	大字小吹	0	NaN	NaN	2034	44	
10612	27383007001	4	千早赤阪村	大字小吹	0	NaN	NaN	244	8	
10613	27383007002	4	千早赤阪村	大字小吹	0	NaN	NaN	1790	36	
10614	273830090	2	千早赤阪村	大字中津原	0	NaN	NaN	222	-	
10615	273830100	2	千早赤阪村	大字東阪	0	NaN	NaN	423	4	
10616	273830110	2	千早赤阪村	大字千早	0	NaN	NaN	211	4	

図5-24

tailメソッドで末尾の10行分を表示したところ

次に、DataFrameのshape属性から、データの行数、列数を確認します。

```
df.shape
```

このコードを実行するとデータは10617行、67列だとわかります。

実行結果

```
(10617, 67)
```

次にinfoメソッドを使って、データの情報を確認します。

```
df.info()
```

これを実行した結果を見てください。

```
<class 'pandas.core.frame.DataFrame'>
RangeIndex: 10617 entries, 0 to 10616
Data columns (total 67 columns):
 #   Column                        Non-Null Count  Dtype
---  ------                        --------------  -----
 0   (KEY_CODE, Unnamed: 0_level_1)  10617 non-null  int64
 1   (HYOSYO, Unnamed: 1_level_1)    10617 non-null  int64
 2   (CITYNAME, Unnamed: 2_level_1)  10617 non-null  object
 3   (NAME, Unnamed: 3_level_1)      10541 non-null  object
 4   (HTKSYORI, Unnamed: 4_level_1)  10617 non-null  int64
 5   (HTKSAKI, Unnamed: 5_level_1)   192 non-null    float64
 6   (GASSAN, Unnamed: 6_level_1)    152 non-null    object
 7   (T001082001, 総数、年齢「不詳」含む)       10617 non-null  object
 8   (T001082002, 総数０～４歳)          10617 non-null  object
 9   (T001082003, 総数５～９歳)          10617 non-null  object
 10  (T001082004, 総数１０～１４歳)         10617 non-null  object
 11  (T001082005, 総数１５～１９歳)         10617 non-null  object
 12  (T001082006, 総数２０～２４歳)         10617 non-null  object
 13  (T001082007, 総数２５～２９歳)         10617 non-null  object
 14  (T001082008, 総数３０～３４歳)         10617 non-null  object
 15  (T001082009, 総数３５～３９歳)         10617 non-null  object
 16  (T001082010, 総数４０～４４歳)         10617 non-null  object
 17  (T001082011, 総数４５～４９歳)         10617 non-null  object
 18  (T001082012, 総数５０～５４歳)         10617 non-null  object
 19  (T001082013, 総数５５～５９歳)         10617 non-null  object
 20  (T001082014, 総数６０～６４歳)         10617 non-null  object
```

図5-25

統計データの情報を確認したところ

一番右の項目Dtypeを見てください。ここで、各カラムの値がどの種類になっているかがわかります。int64なら整数型、float64なら浮動小数点数型、objectなら文字列（次ページのコラム「要注意！ 数値のはずなのにobject」でくわしく説明しています）として扱われていることがわかります。

今の段階でこれを見る限り、左端の#で7の「総数、年齢「不詳」含む」以降のデータは、年齢ごとの人数が格納されているカラムのはずです。本来であればここはint64になっていてほしいところですが、objectつまり文字列になっているのが気になります。これにより、望ましくない値が紛れ込んでいるのではないかと推測できます。また、Non-Null Countを確認すると欠損値などの様子がわかります。Non-Null Countは「値があるデータの数」なので、この値が低いということは値がないデータが多いということになります。#が4から6ののところを見ると、他よりもNon-Null Countが低いため、データの欠損があることがわかります。ちなみにPythonにNullは存在せず、Noneやnp.nan*4など欠損値・存在しない値がここに数えられます。

＊4　Noneは値が存在しないことを表すオブジェクトで、Pythonの組み込み定数です。np.nanはNumpyの定数で浮動小数点数です。Not A Numberの略で、数値でないことを示します。

コラム

要注意！ 数値のはずなのにobject

object型は、正しくいうと文字列を示すわけではなく、pandasが持つどのようなオブジェクトにも対応したデータ型です。数値と文字列が混在しているか、文字列のみのカラムがobjectとなることが多いと思ってください。このため、数値が格納されているはずの列がobject型になっている場合、この列での前処理が必要である可能性が高いため、“要注意のデータ” であると考える必要があります。

次のようなコードで実験してみましょう。

コード5-4　数値と文字列が混在したデータでの実験

```
m1 = [1.1, 2, 3]
df1 = pd.DataFrame(m1)
m2 = ["1.1", 2, 3]
df2 = pd.DataFrame(m2)
m3 = ['1.1', '2.2', '3.3']
df3 = pd.DataFrame(m3)
print(df1.info(), df2.info(), df3.info())
```

データm1〜m3はいずれも1行のリストです。それぞれ3個の要素があります。m1はいずれも数値で、m2は最初の要素が文字列です。m3は、すべての要素が文字列です。df1、df2、df3はいずれも3行1列のDataFrameになります。

これを実行して、df1、df2、df3それぞれのDtypeがどうなっているか、見てみます。

```
（略）
Data columns (total 1 columns):
 #   Column  Non-Null Count  Dtype
---  ------  --------------  -----
 0   0       3 non-null      float64
（略）
Data columns (total 1 columns):
 #   Column  Non-Null Count  Dtype
---  ------  --------------  -----
```

```
 0   0        3 non-null      object
 (略)
Data columns (total 1 columns):
 #   Column  Non-Null Count  Dtype
---  ------  --------------  -----
 0   0        3 non-null      object
```

最初のデータ情報がdf1のもので、そのDtypeはfloat64です。df1は、小数、整数、整数でした。この場合、df1のデータ型はfloat64になります。一方、要素に文字列が含まれるdf2、df3のDtypeはobjectです。このように、あるカラムのDtypeがobject型になっている場合は、そのカラムに文字列が紛れ込んでいるとわかります。

統計データの処理方針を検討

ここまでの調査用コードでデータを調べてきたの結果から次のようなことが分かります。

① カラム名は2つ（マルチカラム[*5]）になっているが、カラムを2行で表現する必要はなく、1段目は「GASSAN」まで、2段目は「総数、年齢「不詳」含む」以降のカラム名を使うことにより、1行分のカラムでそれぞれ独自の名前が作れる。つまりこのデータはマルチカラムでデータを持つ必要はない

② 年齢別の人口のDtypeがobjectとなっている。pandasでは文字が混ざっているデータがobjectとして扱われる

③ NAME、HTKSAKI、GASSANの各列には値が入っていないところがある

この統計データは10617行分の値を持つので、Non-Null Countの項目が

＊5　1個のデータ列に対して複数のカラムが割り当てられていること。くわしくは後述します。

```
10617 non-null
```

になっているカラムは、すべての行で値を持っていることがわかります。図5-25を見るとほとんどのカラムですべての値がそろっていることがわかりますが、NAME、HTKSAKI、GASSANでは10617になっていません。これらの列で値が欠損していることがわかります。

これをもとに、データ処理の方針を次のように決めます。

① マルチカラムを調査し、シングルカラムにして問題がなさそうであれば、シングルカラムとする
② 人数がobject型になる原因を突き止め、int型に修正する

コラム

データの前処理をしなかったらどうなるの？

分析に使うデータを前処理するのは、分析に使いやすくすることはもちろんですが、予期しない動作も防ぐためでもあります。たとえば、今回のデータを前処理せずにそのまま使ってみたらどうなるでしょうか。ちょっと実験してみましょう。

コード5-5　**データの前処理をせずに値を計算**

```
toukei_zip_path = Path('/content/drive/MyDrive/od-book/国勢調査/tblT001082C27.zip')
toukei_df = pd.read_csv(toukei_zip_path, encoding='cp932', header=[0, 1])

zero_sample = toukei_df.loc[0, ('T001082001', '総数、年齢「不詳」含む')]
one_sample = toukei_df.loc[1, ('T001082001', '総数、年齢「不詳」含む')]
print(zero_sample, type(zero_sample))
print(one_sample, type(one_sample))
print(zero_sample + one_sample)
print(zero_sample / one_sample)
```

このプログラムではまず統計データを読み込み（1〜2行目）、「総数、年齢「不詳」含む」列の0行目と1行目のデータを変数に代入します（4〜5行目）。そして、それぞれの値とデータタイプを確認し（6〜7行目）、それぞれの値でたし算、わり算をしています（8〜9行目）。これを実行すると、次のような結果が表示されます。

```
107904 <class 'str'>
2408 <class 'str'>
1079042408
---------------------------------------------------------------------------
TypeError                                 Traceback (most recent call last)
<ipython-input-57-7eb4f3312f6a> in <cell line: 9>()
      7 print(one_sample, type(one_sample))
      8 print(zero_sample + one_sample)
----> 9 print(zero_sample / one_sample)

TypeError: unsupported operand type(s) for /: 'str' and 'str'
```

この1〜3行目は、コード5-5の6〜8行目の実行結果です。9行目で実行できずにエラーとなりました。結果の1行目、2行目を見てもわかる通り、107904および2408は文字列です。数値ではありません。

本当はこのカラム（「総数、年齢「不詳」含む」）は数値であるはずなのでわり算も可能なはずですが、文字列をわり算しようとしたためにエラーになってしまいました。

エラーになるようならば、想定外の値があることにまだ気が付きやすいかもしれません。文字列同士をたし算するとそれぞれの文字列が連結されます。だから、107904と2408をたし算すると、実行結果の3行目のように1079042408になるのです。

文字列同士の加算で連結できるのは、Pythonで文字列操作をするときに便利な場面もあるのですが、数値と思って文字列を計算してしまうと意図しない動作が起こる可能性があります。

計算だけでなく、グラフを作ったときにも文字列だと意図通り表示されないといった影響が出ます。

コード5-6　**文字列を含む列でグラフを作ろうとすると……**

```
01 one_df = toukei_df[toukei_df['HYOSYO', 'Unnamed: 1_level_1'] == 1]
02 px.bar(x=one_df['CITYNAME', 'Unnamed: 2_level_1'] , y=one_
                                df['T001082001', '総数、年齢「不詳」含む'])
```

このコードでは、1行目でHYOSYOが1（市などの大きめの地域）のデータを抽出し、2行目で該当する地域について人口の総数で棒グラフを作成します。ところが、これを実行すると、こんなグラフになってしまいます。

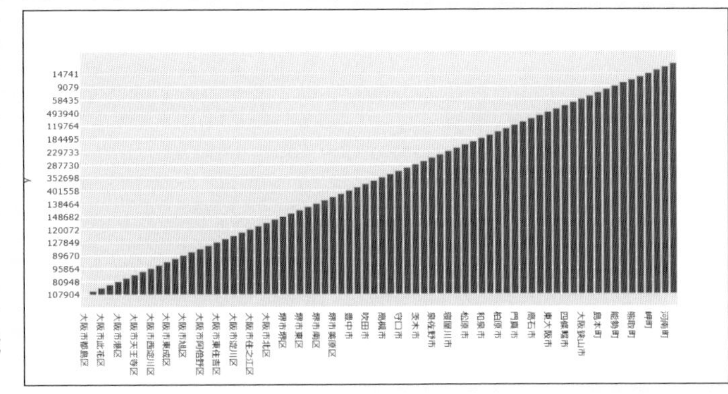

図5-26

文字列のままグラフを作成したところ

Ｙ軸を見てみると、文字列が渡されているためそもそも軸の表示がおかしいことがわかります。データを文字列のまま処理すると、このように望まない結果につながります。そうならないよう、意図した通りにデータ扱うために前処理を行います。このデータの場合もpandasを使って簡単に手直しできます。SeriesやDataFrameといったデータ型を別の種類に変換するために、astypeメソッドが用意されています。変換後のデータ型にintを指定して実行すれば、文字列として扱われていた数字を数値に変換できます。これで、グラフは数値通りに表示できます。具体的なコードを見てみましょう。

コード5-7　**astypeメソッドでデータ型をintに変換**

```
px.bar(x=one_df['CITYNAME', 'Unnamed: 2_level_1'] , y=one_
                    df['T001082001', '総数、年齢「不詳」含む'].astype(int))
```

このコードでは、コード5-6で作成したone_dfを使って棒グラフを作成しています。ここでは、引数xおよび yに直接データを渡しています。このとき、yについてはastypeメソッドで整数型を指定することで、文字列から整数に変換しています。これを実行して作成したグラフを見てください。

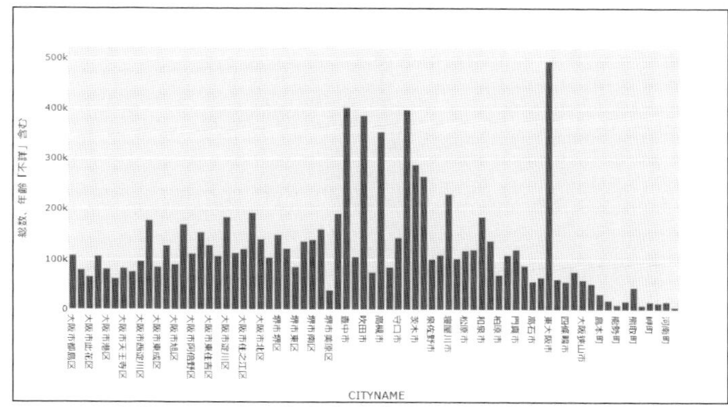

図5-27

整数に変換して作成したグラフ

本書では国勢調査という、比較的整ったデータを利用しています。データに不備があるところを見てきましたが、実はこの程度ならそれほど大変な前処理は発生しません。しかし、人目に触れることが少ない社内のデータなどでは、前もってデータを確認しておかないと、かなりデータ分析が進んでから致命的な不備が見つかり、大きな手戻りが発生するという事態もあります。また、前処理の段階で、欠損値をどう扱うかなども慎重に検討したいところです。そのあたりは、基本的には分析チームで方針を定めて進めていくことになります。しかしながら環境によってデータを扱えるスタッフが少ないといった場合、こうした前処理が属人化してしまい、十分なデータ修正ができない可能性もあります。そうしたケースでは、よりよい分析結果が得られなくなるリスクもあります。

統計データの前処理

それでは、国勢調査のデータに対して具体的な前処理に取り掛かります。
先に決めた方針をもう一度見ておきます。

① マルチカラムを調査し、シングルカラムにして問題がなさそうであれば、シングルカラムとする

② 人数がobject型になる原因を突き止め、int型に修正する

これにのっとって、データを修正していきます。まずは①に従って、マルチカラムをシングル化しましょう。マルチカラムは1個のデータ列に対して、2行分以上のカラムが割り当てられている状態のことです。データによっては、マルチカラムに必然性がある場合もあります。ただ今回の場合、すべてのカラムは独立しており、マルチカラムである必要はありません。pandasではマルチカラムも扱えますが、ここではシングルカラム化してデータを扱います。

カラムの構造を整える

現状のマルチカラムのデータから必要なカラム名を取り出して、シングルカラムのカラム名を作成するプログラムは次の通りです。

コード5-8　カラム名を一つのリストに格納するプログラム

```
front_col = [col for col in df.columns.get_level_values(0) if not
                                          col.startswith('T00')]
back_col = [col for col in df.columns.get_level_values(1) if not
                                          col.startswith("Unnamed:")]
new_col = front_col + back_col
print(len(new_col))
```

このプログラムを解説する前に、データがどうなっていたのかを確認するため、あらためて元のデータを見てみましょう。

図5-28　統計データの冒頭部分

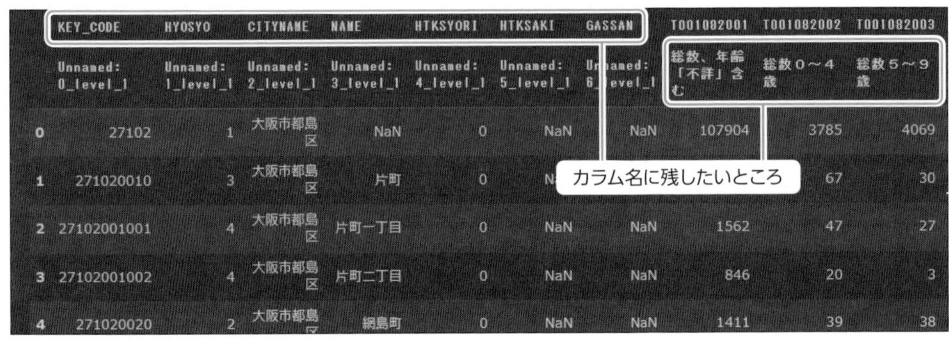

	KEY_CODE	HYOSYO	CITYNAME	NAME	HTKSYORI	HTKSAKI	GASSAN	T001082001	T001082002	T001082003
	Unnamed: 0_level_1	Unnamed: 1_level_1	Unnamed: 2_level_1	Unnamed: 3_level_1	Unnamed: 4_level_1	Unnamed: 5_level_1	Unnamed: 6_level_1	総数、年齢「不詳」含む	総数0～4歳	総数5～9歳
0	27102	1	大阪市都島区	NaN	0	NaN	NaN	107904	3785	4069
1	271020010	3	大阪市都島区	片町	0	[illegible]	[illegible]	[illegible]	67	30
2	27102001001	4	大阪市都島区	片町一丁目	0	NaN	NaN	1562	47	27
3	27102001002	4	大阪市都島区	片町二丁目	0	NaN	NaN	846	20	3
4	271020020	2	大阪市都島区	網島町	0	NaN	NaN	1411	39	38

1段目のカラムは「GASSAN」まで、2段目のカラムは「総数、年齢「不詳」含む」以降がデータ

を表現するカラム名です。それ以外のカラムの不要と見ていいでしょう。具体的には、1段目は「GASSAN」よりも右のカラムはすべてコード番号のような文字列になっています。2段目を見ると「総数、年齢「不詳」含む」より前のカラム名は、何もカラム名に値がなかった場合に補完されるときに固有の「Unnamed:」から始まる文字列になっています。

そこで、コード5-8の1行目では、1段目のデータの1行目のカラムから不要なデータをはじくように必要なカラムのみのリストを、リスト内包表記で作成しました。リスト内包表記はPythonの特長的な記法で、ループ処理を使ってリストを作成します。

また、ここで使ったget_level_valuesメソッドは、マルチカラムの指定されたレベル（行）の名称を取得します。コード5-8の場合、1行目では0を指定しているので、1段目にあるKEY_CODEから始まるカラム名、2行目では1を指定しているので、次の段（データの2行目）にあるUnnamed: 0_level_1で始まるカラム名を取得できます。

さらに取得したカラム名から不要なカラム名をはじくために、コード5-8の1行目ではのif以降により、カラムの文字列がT00で始まっていなければ、リストに文字列を含めるとしています。これにより、最初の「KEY_CODE」から「GASSAN」までのカラム名を拾い出したリストが作れます。このリストを変数front_colに代入します。

データの2段目のカラムは、「Unnamed:」で始まるカラム名が必要ありません。これもリスト内法表記を使って、必要な文字列のみを取り出して格納したリストを作りました（コード5-8の2行目）。これにより「総数、年齢「不詳」含む」以降のカラム名を拾い出したリストになります。作成したリストは変数back_colに代入します。

それぞれリストを作成することにより3行目で、2種類のリストを「+」で結合し、変数new_colに代入します。これで必要なカラム名を順番に並べた1行のカラム名のリストができます。これでカラム名を修正できるわけです。

4行目で、新たに作成したリストの長さを出力し、カラムがいくつあるかを確認できるようにしました。組み込み関数であるlenは、渡されたオブジェクトの長さを返します。ここではリストの長さ、すなわち要素の数が返ってきます。

これを実行すると「67」が出力されました。新たに作成したリストの長さは67で、これは統計データの列数と同じです。問題なく修正できました。新たなカラム名を、データのcolumns属性に渡します。

```
df.columns = new_col
df.head()
```

これを実行して、データを確認してみましょう。これによりカラムが整理できたことがわかります。

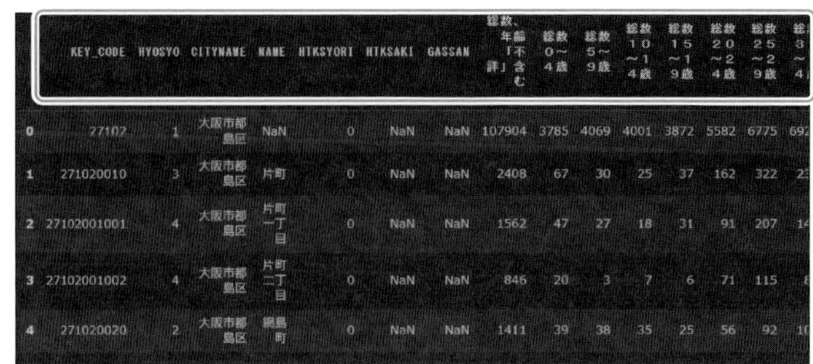

	KEY_CODE	HYOSYO	CITYNAME	NAME	HTKSYORI	HTKSAKI	GASSAN	総数、年齢「不詳」含む	総数０～４歳	総数５～９歳	総数１０～１４歳	総数１５～１９歳	総数２０～２４歳	総数２５～２９歳	総数３～４
0	27102	1	大阪市都島区	NaN	0	NaN	NaN	107904	3785	4069	4001	3872	5582	6775	692
1	271020010	3	大阪市都島区	片町	0	NaN	NaN	2408	67	30	25	37	162	322	23
2	27102001001	4	大阪市都島区	片町一丁目	0	NaN	NaN	1562	47	27	18	31	91	207	14
3	27102001002	4	大阪市都島区	片町二丁目	0	NaN	NaN	846	20	3	7	6	71	115	8
4	271020020	2	大阪市都島区	網島町	0	NaN	NaN	1411	39	38	35	25	56	92	10

図5-29

カラムを修正したデータの冒頭部分

“変なデータ”を探して修正

次に方針の②の修正、つまり元データでは数値に見える人数のが、int64ではなく、objectになってしまっていることを解消しなければなりません。

データを調べた結果を思い出してください。図5-25によれば、「総数、年齢「不詳」含む」以降の列は、infoメソッドを使ってデータを観察したところ、すべての列のデータ型が、文字列が混ざっているobjectとなっていました。

そこで、「総数、年齢「不詳」含む」列だけを取り上げ、値にどのようなものが含まれるか観察します。pandasでデータを抽出する場合、行列名を使う場合はlocインデクサ、行列番号を使う場合はilocインデクサが使えます。

コード5-9　「総数、年齢「不詳」含む」列の値を調べるプログラム

```
01  print(df.loc[0, '総数、年齢「不詳」含む'])
02  print(df.iloc[0, 7])
03  print(type(df.loc[0, '総数、年齢「不詳」含む']))
04  print(type(df.iloc[0, 7]))
05  print('--- --- ---')
06  print(df['総数、年齢「不詳」含む'].values)
07  print(' --- --- ---')
08  print(df['総数、年齢「不詳」含む'].value_counts().head())
```

このコードのポイントを見ていきましょう。

まず1行目および2行目で、locインデクサとilocインデクサをそれぞれ使い、インデックス0の「総数、年齢「不詳」含む」列のデータを抽出し、そのデータ型を出力します。1行目と2行目

はコードが異なるだけで、やろうとしていることは同じです。このため、同じ結果が出力されるはずです。

6行目では、列名を指定して、その列のvalues属性を確認します。values属性はデータの値部分をnumpyのndarray[*6]で返します。これにより、すべてのインデックスの該当列（この場合は「総数、年齢「不詳」含む」）の値をまとめて取り出し、出力します。

8行目では、「総数、年齢「不詳」含む」列の値からvalue_countメソッドで出現数を調べ、上位5番目までを抽出し出力します。何か特定の値が突出して多く現れるようなら、それがおかしいのではないかと目星を付けられます。

このコードを実行すると、以下のように出力されました。

実行結果

```
107904
107904
<class 'str'>        ……①
<class 'str'>        ……②
--- --- ---
['107904' '2408' '1562' ... '222' '423' '211']    ……③
 --- --- ---
-         329
X         207       ……④
33         15       ……⑤
476        14
19         13
Name: 総数、年齢「不詳」含む, dtype: int64
```

これによると、数値に見えるものは文字列になっていること（①②③）、ハイフン（-、329個、④）や大文字のエックス（X、207個、⑤）など数値以外の文字列も含まれることがわかりました。

次に「総数、年齢「不詳」含む」だけでなく、それ以降の列でも人数を表す数値ではなく、ハイフンや大文字のエックス（X）あるいはそれ以外の文字列が含まれていないか、チェックします。それには、個々の値を数値に変換できるか試し、出来なかった値をリストに格納していきます。これにより、数字以外の文字列を抽出しようという考えです。

＊6　numpyは多次元な行列の読み書き、計算、形状操作などを高速に行うことができる、オープンソースのライブラリです。ndarrayオブジェクトに多次元な行列を持ち、さまざまな操作ができます。ndarrayについてはhttps://numpy.org/doc/stable/reference/arrays.ndarray.htmlで詳細を参照できます。

コード5-10　**数字以外の文字列を抽出する**

```
01 except_list = list()
02 for col in df.loc[:, '総数、年齢「不詳」含む':].columns:
03     s_v = df[col].values
04     for w in s_v:
05         try:
06             int(w)
07         except ValueError:
08             except_list.append(w)
09 cnt_exceptions = Counter(except_list)
10 print(f'文字データのカウント結果: {cnt_exceptions}')
```

まず1行目で、目的の値、すなわち数値以外のデータが格納するため、空のリストを作成します。

次に2行目で、「総数、年齢「不詳」含む」列以降の列名をfor文で順に取り出し、これを変数colに代入して、3行目以降の処理を1列ごとに繰り返します。

ループの中での処理ではまず、処理中の列の値をすべて取り出し、変数s_vに渡します（3行目）。4行目のfor文で、その値を1個ずつ取り出し、5行目以降の処理を繰り返します。

5行目から8行目までの処理ではtry-except構文を使って、エラーが出たときと出ないときでの処理を分けています。具体的には6行目の取り出した値を整数に変換する処理についての成否で分岐します。ここでエラー（ValuError例外）が出なければ、4行目に戻って次の値のループに移ります。

元の値が数字以外の文字列だと、数値型に変換できません。このときのエラーはValueError、すなわち数値に変換できないということを示しているので、7行目でこれを検出し、変換できなかった値をexcept_listに追加します（8行目）。

この二重の繰り返し処理を終えると、変数except_listには数値に変換できなかった値のリストが格納されています。9行目で、標準ライブラリであるcollectionsのCounterクラスを用いてリスト内の各要素の登場回数を数えます。その結果を8行目で出力し、確認できるようにしました。

このプログラムを実行したところ、人数を示す値の範囲で数字以外だったのは、ハイフンと大文字のエックスとわかりました。

実行結果

```
文字データのカウント結果: Counter({'-': 32865, 'X': 12420})
```

人数を数値に変換する

こうした想定外のデータを修正する処理をしましょう。具体的には、pandasのto_numeric関数を使って、数値に変換可能な文字列を数値に置き換えます。このとき、数値に置き換えられない「-」と「X」はゼロにすることにします。

これを実装したのが次のコードです。カラムを1列ずつfor文でループさせながら、該当列の文字列データを数値型に置き換えています。

コード5-11　人数を示す文字列を数値に変換するプログラム

```
01 for col in df.loc[:, '総数、年齢「不詳」含む':].columns:
02     df[col] = pd.to_numeric(df[col], errors='coerce').fillna(0).
                                                          astype(int)
```

たった2行のコードですが、これで人数を示すデータをすべて数値に変換できます。

2行目を見てください。

to_numeric関数の引数errorsは、デフォルトではraiseが渡されるようになっており、「-」や「X」のような文字列はValueErrorとなってしまいます。このため、変換処理ができません。そこで、処理ができない場合はNaN（値がない）が返されるよう、引数errorsにcoerceを渡しました。

次に、NaNを指定した値に置き換えるfillnaメソッドを用いて、NaNをゼロに置き換えます。この処理では値はfloat64型になるため、最後にデータ型を指定したデータ型に変更するastypeメソッドでint型とします。

ValueErrorが出ない場合には、to_numericの処理でエラーなく変換できるので、errors以降のコードは無視されます。

前処理後のデータを確認

これで当初考えていた前処理は完了しました。このデータで問題ないか、あらためてinfoメソッドを使って確認します。

```
df.info()
```

出力を確認すると、データ型がobjectになっていた「総数、年齢「不詳」含む」以降の列もint型に置き換えられたことが確認できます。

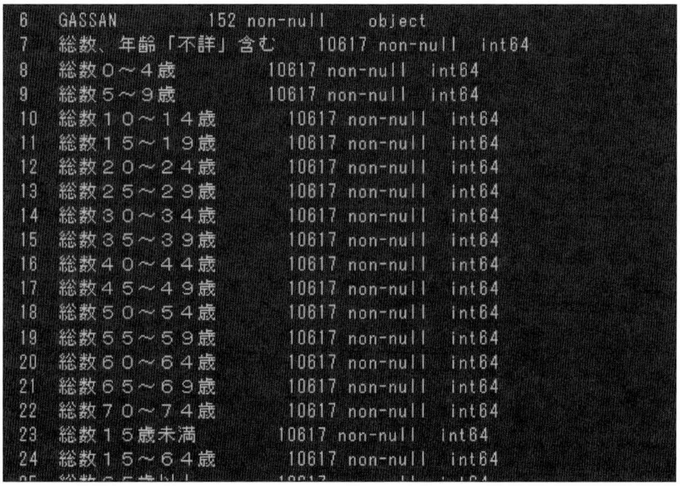

```
6   GASSAN           152 non-null     object
7   総数、年齢「不詳」含む     10617 non-null  int64
8   総数０～４歳          10617 non-null  int64
9   総数５～９歳          10617 non-null  int64
10  総数１０～１４歳        10617 non-null  int64
11  総数１５～１９歳        10617 non-null  int64
12  総数２０～２４歳        10617 non-null  int64
13  総数２５～２９歳        10617 non-null  int64
14  総数３０～３４歳        10617 non-null  int64
15  総数３５～３９歳        10617 non-null  int64
16  総数４０～４４歳        10617 non-null  int64
17  総数４５～４９歳        10617 non-null  int64
18  総数５０～５４歳        10617 non-null  int64
19  総数５５～５９歳        10617 non-null  int64
20  総数６０～６４歳        10617 non-null  int64
21  総数６５～６９歳        10617 non-null  int64
22  総数７０～７４歳        10617 non-null  int64
23  総数１５歳未満         10617 non-null  int64
24  総数１５～６４歳        10617 non-null  int64
```

図5-30

前処理後の各カラムのデータ型を確認したところ（GASSAN以降の19行分を表示）

データを可視化して、おかしなグラフになっていないかを見ることも、データの確認になります。

次のコードを実行すると棒グラフが出力されます。

```
01  one_df = df.query('HYOSYO == 1')
02  fig = px.bar(one_df, x='CITYNAME', y='総数、年齢「不詳」含む')
03  fig.show()
```

1行目では、条件により特定の列を抽出するqueryメソッドを使っています。ここではHYOSYO列が1のデータを抽出します。もう一度、図5-29を見てください。HYOSYO列が1のインデックスは、大阪市であれば区単位、それ以外の市町村単位のデータです。これにより市区町村別のグラフを作ろうとしています。

２行目で棒グラフを作成します。このコードにより、X軸にCITYNAME、Y軸に「総数、年齢「不詳」含む」の値で棒グラフを作成します。

これも実行して棒グラフを見てみましょう。

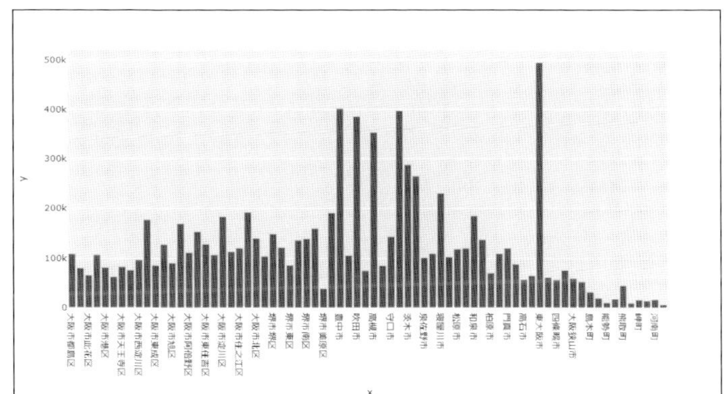

図5-31
前処理後のデータで市区町村別の棒グラフを作成

見たところ、おかしなところはなさそうです。統計データの前処理はこれでうまくいったと考えていいでしょう。このようにデータを可視化すると、データの情報からでは見つけられない、データの入力ミスといった不備を見つけやすいといったメリットもあります。実際、うまく処理できたように見えて、グラフにしてみると変な形になってしまい、特定の列に不備があったといったことを発見できたといったことは珍しくありません。

前処理後の作業

前処理が終了しても、次のステップに進む前にやっておきたいことがあります。まず、処理が完了したデータの保存。それから、同様の処理を行う場合に備えて、必要なコードを関数にしておく、の２点です。

まずはここまでの前処理で作成したデータをCSV形式で保存しましょう。CSV形式でデータを保存する場合、to_csvメソッドを使います。

```
01 save_dir = '/content/drive/MyDrive/od-book/国勢調査/'
02 file_name = 'preprocessed_data.csv'
03 save_path = save_dir + file_name
04 df.to_csv(save_path)
```

ここまでの処理で、前処理したデータはDataFrame型のdfに格納されています。1〜3行目で保存先のパスを作り、4行目でそのパスにCSV形式でdfの内容を保存します。ファイル名は2行目で指定したものになります。

処理をまとめた関数を作成する

同じようなデータを扱うときには、同じような処理をすることになるでしょう。ここまでで作ったコードをもう一度使い回すことも考えられます。そこで、次回以降も使いやすいように、前処理をまとめた関数を作成しておきましょう。再び大阪府のデータを使って何らかの分析をするときはもちろんのこと、異なる地域、たとえば東京のデータで分析したいといったときでも、ほぼそのまま前処理することができて便利です。

ここまでのコードで

- カラム位置を指定してCSVデータを読み込む
- マルチカラムをシングルカラムに整理する
- 人数を示す値を文字列から整数に変換する

をひとまとめにして関数にしてみました。

コード5-12　**統計データの前処理を関数化**

```
def prepro_kokusei(data_path: str) -> pd.DataFrame:
    '''
    国勢調査の統計データを前処理する関数
    Params:
        data_path: str
        zip_fileのあるパス
    Returns:
```

```
        df: pd.DataFrame
        前処理済みのデータ

    '''
    df = pd.read_csv(data_path, encoding='cp932', header=[0, 1])
    front_col = [col for col in df.columns.get_level_values(0) if
                                        not col.startswith('T00')]
    back_col = [col for col in df.columns.get_level_values(1) if not
                                        col.startswith("Unnamed:")]
    new_col = front_col + back_col
    df.columns = new_col
    for col in df.loc[:, '総数、年齢「不詳」含む':].columns:
        df[col] = pd.to_numeric(df[col], errors='coerce').fillna(0).
                                                        astype(int)
    return df
```

関数としてあとで利用するときのことも考え、コメントも付けておきました。個々のコードの説明は省略します。どのコードをどのようにまとめたか、ぜひ読み解いてみてください。

境界データの前処理

続いて境界データを前処理しましょう。境界データは地理空間情報を持つため、前処理には主としてgeopandasを使います。

データの読み込みと確認

Colabにはgeopandasでの動的な可視化に使う、mapclassifyがインストールされていません。このため、ここで紹介する可視化のためにはインストールが必要です。

```
!pip install mapclassify
```

そのあと、必要なパッケージをインポートし、境界データを読み込み、データを確認するところまで進めていきます。

まず、ライブラリのインポートです。

```
01 import unicodedata
02 import geopandas as gpd
03 import pandas as pd
04 pd.options.display.max_columns = 100
```

1行目でインポートしたunicodedataは標準ライブラリで、Unicodeデータベースへのアクセスを提供します。これは全角の数字を数値に置き換えるときに使います。geopandasとpandasをインポートし、取り扱う列の数を100列に設定します。

続いてデータを読み込んで確認しましょう。

コード5-13　**データの読み込みと確認するプログラム**

```
gis_path = '/content/drive/MyDrive/od-book/国勢調査/A002005212020DDSWC27.zip'
gis_data = gpd.read_file(gis_path)

print('---- crs ----')
print(gis_data.crs)
print('--- shape ---')
print(gis_data.shape)
print('--- head ----')
print(gis_data.head())
print('--- info ----')
print(gis_data.info())
```

ここまで実行すると、データ数は8943行、29列で、geoemetry列に地理空間情報を持つことがわかります。

図5-32　境界データの概要。コード5-13の9行目までの出力

```
---- crs ----
EPSG:4612
--- shape ---
(8943, 30)
--- head ----
      KEY_CODE PREF CITY  S_AREA PREF_NAME CITY_NAME   S_NAME KIGO_E  HCODE ¥
0           27   27  362  000000       大阪府       田尻町     NaN    NaN  8101
1  27102001001   27  102  001001       大阪府    大阪市都島区    片町一丁目    NaN  8101
2  27102001002   27  102  001002       大阪府    大阪市都島区    片町二丁目    NaN  8101
3    271020020   27  102  002000       大阪府    大阪市都島区      網島町    NaN  8101
4  27102003001   27  102  003001       大阪府    大阪市都島区  東野田町一丁目    NaN  8101
```

```
--- info ----
<class 'geopandas.geodataframe.GeoDataFrame'>
RangeIndex: 8943 entries, 0 to 8942
Data columns (total 30 columns):
 #   Column      Non-Null Count  Dtype
---  ------      --------------  -----
 0   KEY_CODE    8943 non-null   object
 1   PREF        8943 non-null   object
 2   CITY        8943 non-null   object
 3   S_AREA      8943 non-null   object
 4   PREF_NAME   8943 non-null   object
 5   CITY_NAME   8943 non-null   object
 6   S_NAME      8938 non-null   object
```

図5-33

境界データの概要。コード5-13の10行目以降の出力

データ数は統計データ（10617行）よりも少なくなっています。これは、重複する位置情報は持たないことが理由のようです。

コード5-13の5行目に出てくるcrsは、CRS（Coordinate Reference System）属性のことです。CRSは、座標参照系と呼ばれます。座標参照系は地球上の任意の位置を表現する方法で、その表現方法は多岐に渡ります。今回利用するデータでは、e-Statから取得する際にJGD2000と呼ばれる世界測地系緯度経度を選択しました。geopandasのGeoDataFrameのcrs属性を参照すると、EPSG:4612と出力されます。これはEPSGという国際団体[*7]が規格化した座標参照系のコードです。

geopandasを使うとCRSの設定も容易に変更できます。例えば、GPSなどで使われるWGS84（EPSG:4326）に変更する場合は、次のようにto_crsメソッドを使って変更できます。

```
01  gis_data = gis_data.to_crs('EPSG:4326')
02  print(gis_data.crs)
```

このコードを実行すると、1行目で引数に指定したEPSG:4326が表示されます。

＊7　European Petroleum Survey Group。現在、座標参照系の標準化はInternational Association of Oil & Gas Producersが行っています。

話を境界データの確認結果に戻しましょう。データ数以外に気にかかるのは、統計データとの結合に使うKEY_CODE列のデータ型がobjectになっていることです。図5-25によれば、統計データのKEY_CODE列ではint64になっていました。修正が必要なのは明らかですが、あえて前処理せずに統計データとマージしたらどうなるかを確認するため、pandasのmerge関数で結合を試してみます。merge関数は二つのDataFrameを結合するための関数で、結合には双方に共通の列、インデックスを指定します。

次のコードでは、加工した統計データを読み込んだあと、gis_dataとtoukei_dfの結合を試みています。

コード5-14　**境界データと統計データを結合するプログラム**

```
01 toukei_path = '/content/drive/MyDrive/od-book/国勢調査/preprocessed_data.csv'
02 toukei_df = pd.read_csv(toukei_path, index_col=0)
03 merged = pd.merge(gis_data, toukei_df, on='KEY_CODE')
```

3行目のmerge関数の引数onに、両データの結合に使う列名であるKEY_CODEを渡しました。これを実行すると案の定ValueErrorが出て、「objectとint64のマージを試みている」というエラーの説明も表示されます。

実行結果

```
ValueError: You are trying to merge on object and int64 columns. If you wish to proceed you should use pd.concat
```

KEY_CODEの処理

やはり境界データのKEY_CODEがobject型であるところは修正する必要がありそうです。統計データと境界データを結合するために、境界データ側のKEY_CODEをobject型からint64型に変更しましょう。

まずは、pandasのto_numeric関数を使って、データ型の変更がすぐにできるかどうか、調べてみます。データが文字列つまり

```
'123'
```

のような、数値ではないにしても数字の状態になっている値ばかりであれば、to_numeric関数やastypeメソッドを使ってデータ型を変換できます。一方で変換できない値が混ざっていると、どういう値が混在しているのかを具体的に割り出して、どのように変換するか考える必要があります。

そこで最初に、pandasのto_numeric関数の引数errorsに渡す値を初期値のraiseにして、数値に変換できなければ、そこでエラーを確認します。どのようなエラーが出るかで、次の方針を考えます。

```
pd.to_numeric(gis_data['KEY_CODE'])
```

このコードを実行してもエラーは出ず、すべての値がint64型に変換されました。

実行結果

```
0               27
1      27102001001
2      27102001002
3        271020020
4      27102003001
          ...
8938   27383007001
8939   27383007002
8940     273830090
8941     273830100
8942     273830110
Name: KEY_CODE, Length: 8943, dtype: int64
```

このデータの場合、to_numeric関数で変換できるため、KEY_CODE列のデータ型を整数にして、KEY_CODE列に代入し、infoメソッドを使って確認します。

```
gis_data['KEY_CODE'] = pd.to_numeric(gis_data['KEY_CODE'])
gis_data.info()
```

これを実行すると

実行結果

```
<class 'geopandas.geodataframe.GeoDataFrame'>
RangeIndex: 8943 entries, 0 to 8942
Data columns (total 30 columns):
 #   Column      Non-Null Count  Dtype
---  ------      --------------  -----
 0   KEY_CODE    8943 non-null   int64
 1   PREF        8943 non-null   object
 2   CITY        8943 non-null   object
 3   S_AREA      8943 non-null   object
```

と表示され、KEY_CODE列の値がint64に変換できたことを確認できました。

飛び地の確認

一部の行政区分には飛び地と呼ばれるエリアがあります。同じ行政区分でありながらつながっていません。境界データも飛び地に対応しているため、1個のKEY_CODEに対して複数の位置情報がひも付けられているケースがあります。境界データ的には飛び地とは、つながりを持たない土地つまりポリゴン情報が複数存在することを指します。まずは、境界データを確認し、複数出現するKEY_CODEがどの程度あるのかを確認します。

そのためにはKEY_CODE列のみを取り出したSeries型のデータに対して、value_countsメソッドを使って数えます。

```
gis_data['KEY_CODE'].value_counts()
```

コードを実行して結果を見ると、複数の情報を持つKEY_CODEがあることがわかります。

実行結果

```
273610550      14
272220450       8
272060310       7
271430040       6
272060450       5
               ..
```

```
27202041108       1
27202041107       1
27202041106       1
27202041105       1
273830110         1
Name: KEY_CODE, Length: 8730, dtype: int64
```

実際にデータを観察してみましょう。まずは、最もデータ行数が多かったKEY_CODE 273610550のデータを抽出してみます。

特定の値をキーにした抽出にはqueryメソッドを用います。queryメソッドを使うと、データフレームの列に対して条件をつけて、データを抽出できます。

```
top_gis = gis_data.query('KEY_CODE == 273610550')
top_gis
```

抽出したデータを確認すると、KIGO_E列に文字列（E1～E14）が入っていることから、飛び地が14個あることがわかります。

図5-34　KIGO_E列の文字列で、飛び地の数がわかる

8780	273610550	27	361	055000	大阪府	熊取町	七山北	E12	8101	196.966	71.204	8764	8763	0550	-	00	361055000
8781	273610550	27	361	055000	大阪府	熊取町	七山北	E9	8101	1105.325	152.957	8763	8762	0550	-	00	361055000
8782	273610550	27	361	055000	大阪府	熊取町	七山北	E10	8101	969.804	136.591	8762	8761	0550	-	00	361055000
8783	273610550	27	361	055000	大阪府	熊取町	七山北	E13	8101	145.798	48.511	8767	8766	0550	-	00	361055000
8784	273610550	27	361	055000	大阪府	熊取町	七山北	E4	8101	4379.859	373.736	8766	8765	0550	-	00	361055000
8785	273610550	27	361	055000	大阪府	熊取町	七山北	E2	8101	5930.128	709.586	8772	8771	0550	-	00	361055000
8786	273610550	27	361	055000	大阪府	熊取町	七山北	E3	8101	4945.192	328.299	8770	8769	0550	-	00	361055000
8787	273610550	27	361	055000	大阪府	熊取町	七山北	E7	8101	1820.612	169.547	8768	8767	0550	-	00	361055000
8788	273610550	27	361	055000	大阪府	熊取町	七山北	E6	8101	2208.341	234.781	8771	8770	0550	-	00	361055000
8789	273610550	27	361	055000	大阪府	熊取町	七山北	E14	8101	127.616	43.309	8761	8760	0550	-	00	361055000
8790	273610550	27	361	055000	大阪府	熊取町	七山北	E11	8101	405.796	88.786	8760	8759	0550	-	00	361055000
8791	273610550	27	361	055000	大阪府	熊取町	七山北	E8	8101	1189.118	176.437	8773	8772	0550	-	00	361055000

この飛び地を地図上で確認してみましょう。個々の飛び地に対応した位置を確認できる地図を表示するコードを作ります。

次のコードを見てください。

コード5-15　飛び地を地図上で確認するプログラム

```
01 count_gis = gis_data['KEY_CODE'].value_counts()
02 count_gis = count_gis[count_gis > 1]
03 print(len(gis_data))
04 print(len(count_gis))
05 num = 0
06 tobichi_data = gis_data.query(f'KEY_CODE == {count_gis.index[num]}')
07 tobichi_data.explore(tooltip=['KEY_CODE', 'CITY_NAME', 'S_NAME',
                                                    'AREA', 'JINKO'])
```

このコードについて解説します。

1行目ではKEY_CODE列に含まれるKEY_CODEのユニークの値とその個数を持つSeriesを作り、変数count_gisに代入します。

2行目は、1行のコードを分解して説明します。まず次の記述で、飛び地のデータだけを抜き出します。

```
count_gis > 1
```

count_gisはSeriesで、インデックスにKEY_CODE、値にKEY_CODEに紐付けられたデータの数を持っています。この値が2以上だと、飛び地と判断できます。試しに、この部分だけをコードにして実行すると、飛び地を持つKEY_CODEにTrueが渡され、それ以外はFalseとなります。

実行結果

```
273610550      True
272220450      True
272060310      True
271430040      True
272060450      True
                ...
27202041108   False
27202041107   False
27202041106   False
27202041105   False
273830110     False
```

```
Name: KEY_CODE, Length: 8730, dtype: bool
```

このデータから、Bool型の値により飛び地のみのデータを抽出するのが次の記述です。

```
count_gis[count_gis > 1]
```

これにより、Trueが返されたKEY_CODEのデータが抽出されます。このように飛び地のみのデータを作成し、変数count_gisに代入しています。

次に組み込み関数lenを使って、KEY_CODEの重複も含めて境界データの全行数を求め（3行目）、続けてデータが2個以上あるKEY_CODEの数を数えます（4行目）。

5行目で、確認したい飛び地のインデックス番号を渡すための変数numを設定、初期化します。このnumの値を変更していくことで、抽出した飛び地を次々に確認します[*8]。

6行目ではqueryメソッドで、numに対応するインデックス番号のデータフレームを抽出し、変数tobichi_dataに代入します。

最後の7行目でexploreメソッドを用いて、地図にデータを可視化します。引数tooltipは表示するGeoDataFrameの列名を指定するものです。初期値はTrueで、すべてのデータが表示されるようになっています。ここでは、表示する列名をリスト形式で指定してtooltipに代入することで、表示する項目を絞り込みました。

このコードを実行すると、まずデータの総数、飛び地を持つKEY_CODEの数が表示されます。

実行結果

```
8943     …… データの総数
131      …… 飛び地を持つKEY_CODEの数
```

続いて、インデックス番号が0のKEY_CODEにはどの地域が対応しているのかを地図上で示します。

＊8　count_gisデータの行数が131なので、これを上回る値を渡すとIndexErrorになります。

図5-35

インデックス番号0が持つ位置情報を地図上に表したところ。左上、右下などに飛び地があるのがわかる

コード5-15を実行することで、飛び地を持つKEY_CODE、つまりそういう市区町村が全部で131か所あることがわかりました。繰り返しになりますが、これはコード5-15の2行目で、KEY_CODE列に1個しかないインデックスを取り除き、4行目でその要素数を数えた結果です。

最後にすべての飛び地を持つ市区町村を地図上にプロットしてみます。

コード5-16　**すべての飛び地を持つ市区町村を地図上に可視化するプログラム**

```
01  tobichi_data = gis_data[gis_data['KEY_CODE'].isin(count_gis.index)]
02  tobichi_data.explore('S_NAME')
```

2行のプログラムですが、1行ずつ見ていきましょう。

1行目はすべての飛び地の情報を取り出し、変数tobichi_dataに代入します。このコードの

```
count_gis.index
```

という記述で、飛び地のKEY_CODEをインデックス、個数を値に持つSeriesであるcount_gisのindex属性から飛び地のKEY_CODEを取り出します。これをもとにisinメソッドを使って、大阪府全体の位置情報データ(gis_data)のKEY_CDOE列を参照した結果を抽出します。これが、

```
gis_data['KEY_CODE'].isin(count_gis.index)
```

という記述です。参照した結果は、count_gis.indexにあるKEY_CODEならばTrue、そうでなければFalseです。ここだけで実行してみると

実行結果

```
0       False
1       False
2       False
3       False
4       False
        ...
8938    False
8939    False
8940    False
8941    False
8942    False
Name: KEY_CODE, Length: 8943, dtype: bool
```

が出力されます。このデータを使って、再びgis_dataから飛び地のデータのみを抜き出し、変数tobichi_dataに代入するというのが、コード5-16の1行目に記述した

```
01  tobichi_data = gis_data[gis_data['KEY_CODE'].isin(count_gis.index)]
```

です。

2行目ではGeoDataFrameのexploreメソッドに表示項目（凡例）としてS_NAME（町の名前）を指定して、このデータを地図上に可視化します。これを見ると、飛び地が大阪府に点在することが確認できます。

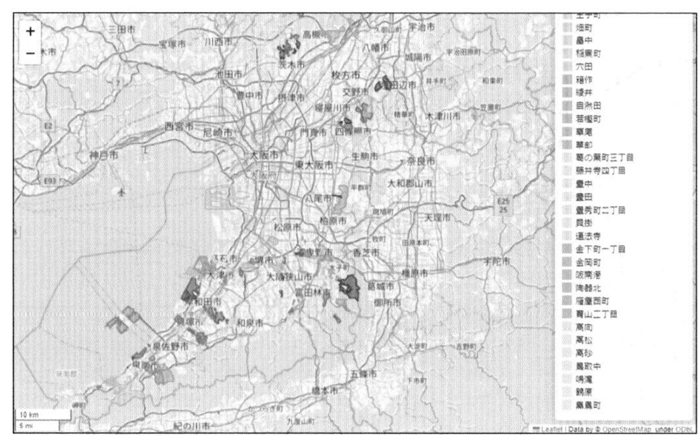

図5-36

大阪府内の飛び地を持つすべての市区町村を境界データから拾い出して地図上に表示したところ

飛び地をまとめる処理

次に境界データの中にある、複数の飛び地の行を1行にまとめます。それは、この先の作業でKEY_CODEをもとに、統計データ（年齢別人口）と境界データ（位置情報）を結合し、年齢別人口を地域ごとに示すことができるようなデータを作成したいからです。

ここで、飛び地の処理をせず、現状の境界データと統計データを結合したらどうなるかを見てみましょう。

```
01 test_merge = pd.merge(gis_data, toukei_df, on='KEY_CODE')
02 print(test_merge.shape)
03 print(test_merge['KEY_CODE'].value_counts().head())
```

プログラムの基本的な考え方は、コード5-14と同じです。2行目および3行目のコード、統計データと結合後のデータ情報を確認できます。

```
(8942, 96)
273610550    14
272220450     8
272060310     7
271430040     6
272020412     5
Name: KEY_CODE, dtype: int64
```

これを見ると、結合したデータの行数は、境界データの行数と同じであることが確認できます。ただし、飛び地については何の修正もしていないので、273610550が14個あるといった状態は変わりません。

次に、結合したデータがどうなっているかを確認します。最も飛び地が多いKEY_CODEである273610550（この時点でcount_gisのインデックス番号0）のそれぞれがどのように結合されているかを見てみましょう。

```
zero_key_code = count_gis.index[0]
test_zero = test_merge[test_merge['KEY_CODE'] == zero_key_code]
print(zero_key_code)
print(test_zero)
```

これを実行してみましょう。次のような結果が表示されます。

図5-37　結合したデータからKEY_CODEが273610550の行を抽出したところ

```
      HTKSYORI  HTKSAKI GASSAN  総数、年齢「不詳」含む  総数０～４歳  総数５～９歳  総数１０～１４歳  ¥
8777         0      NaN    NaN           93.0       0.0      1.0        3.0
8778         0      NaN    NaN           93.0       0.0      1.0        3.0
8779         0      NaN    NaN           93.0       0.0      1.0        3.0
8780         0      NaN    NaN           93.0       0.0      1.0        3.0
8781         0      NaN    NaN           93.0       0.0      1.0        3.0
8782         0      NaN    NaN           93.0       0.0      1.0        3.0
8783         0      NaN    NaN           93.0       0.0      1.0        3.0
8784         0      NaN    NaN           93.0       0.0      1.0        3.0
8785         0      NaN    NaN           93.0       0.0      1.0        3.0
8786         0      NaN    NaN           93.0       0.0      1.0        3.0
8787         0      NaN    NaN           93.0       0.0      1.0        3.0
8788         0      NaN    NaN           93.0       0.0      1.0        3.0
8789         0      NaN    NaN           93.0       0.0      1.0        3.0
8790         0      NaN    NaN           93.0       0.0      1.0        3.0
```

これを見ると、14ある273610550の飛び地それぞれに、273610550の統計データが結合されてしまいました。これでは273610550の人数が実際の14倍で集計されてしまいます

このデータで分析を進めることを考慮すると、1個のKEY_CODEに対して複数の位置情報がある飛び地の状態は解消し、まとめて1個にしておきたいところです。

位置情報を1個のキー(ここではKEY_CODE)に集約するには、geopandasのdissolveメソッドを使います。dissolveメソッドは第1引数byで指定したキーのグループに情報を集約します。ここではKEY_CODEを指定して、KEY_CODEに位置情報を集約します。

```
gis_data_dissolved = gis_data.dissolve('KEY_CODE', as_index=False)
one_data = gis_data_dissolved.query(f'KEY_CODE == {zero_key_code}')
```

このコードでは、データ全体に対してKEY_CODEごとに位置情報を集約したあと、KEY_CODEが273610550のデータを確認しています[*9]。

このコードを実行してみると、次のような結果が表示されます。

*9　この時点で変数zero_key_codeの値は、count_gisのインデックス0すなわち273610550のため。

図5-38　273610550の値を表示したところ

	KEY_CODE	geometry	PREF	CITY	S_AREA	PREF_NAME	CITY_NAME	S_NAME	KIGO_E	HCODE
1656	273610550	MULTIPOLYGON (((135.35673 34.41990, 135.35683 ...	27	361	055000	大阪府	熊取町	七山北	E1	8101

dissolveメソッドで位置情報を集約したことにより、geometry列の値がMULTIPOLYGON型となっていることが確認できます。MultiPolygon型はshaplyのデータ型で、複数のPolygonを持つことができます。

また、KIGO_E列を確認すると、E1になっています。これはdissolveの引数aggfuncのデフォルト値がfirstになっているためで、位置情報をMULTIPOLYGON型に集約する以外は、最初に出てくる情報を取得します。

可視化してデータを確認

dissolveメソッドを使って、1個のKEY_CODEに対して複数行にあった飛び地のデータを、1行にまとめることができました。ここで、まとめたデータを可視化して確認します。その対象は、これまで通りKEY_CODEが273610550の位置情報とします。

```
one_data.explore()
```

図5-39
結合後の273610550を地図上に表示したところ

CRSを変更し面積を求める

飛び地の境界データは結合できましたが、結合の方法をfirst（dissolveの引数aggfuncのデフォルト値）で行ったため、もともとの境界データについていた面積などのデータは正しい情報ではなくなりました。そこで正確な面積をデータに加えます。

ここでは作業をシンプルにするため、一旦、KEY_CODEとgeometryだけのデータを作成します。

```
01 sel_cols = ['KEY_CODE', 'geometry']
02 picked_gis = gis_data_dissolved[sel_cols].copy()
03 picked_gis
```

1行目でKEY_CODEとgeometryだけに絞り込み、2行目でその2列だけを抽出したデータを作成しました。このDataFrameを3行目で表示します。

	KEY_CODE	geometry
0	27	POLYGON ((135.28779 34.39860, 135.28818 34.398...
1	271020020	POLYGON ((135.52545 34.69737, 135.52585 34.697...
2	271040180	POLYGON ((135.40455 34.65372, 135.40117 34.650...
3	271040190	POLYGON ((135.39235 34.65810, 135.38565 34.650...
4	271040200	POLYGON ((135.39838 34.65716, 135.39566 34.653...
...	...	...
8725	27382601003	POLYGON ((135.64640 34.47967, 135.64647 34.479...
8726	27382601004	POLYGON ((135.64794 34.48094, 135.64802 34.480...
8727	27382601005	POLYGON ((135.64778 34.48416, 135.64778 34.484...
8728	27383007001	POLYGON ((135.61272 34.44640, 135.61281 34.446...
8729	27383007002	POLYGON ((135.60587 34.44302, 135.60593 34.442...

図5-40
KEY_CODEとgeometryだけのデータを作成した

このデータに面積を集計して追加します。

位置情報から面積を求める際に注意すべきはCRSの設定です。現状、この境界データのCRSにはWGS84（EPSG:4326）が設定されています。これは世界を緯度経度で表現する座標参照系です。地球は球体ではなく、わずかにつぶれた形になっています。このため、WGS84が表現する1度が示す距離は、場所によって変わってしまいます。面積を求めるためには、異なるCRSを利用する必要があります。

面積などを求める際は平面直角座標系を用います。平面直角座標系は平面に楕円を表現します。日本の場合、国土交通省が経度緯度により平面直角座標系の系番号を定義しています。大阪はVI系となります。JGD2011のVI系のEPSGは6674です。

次のコードではto_crsメソッドを用いてVI系を変更したあと、GeoDataFrameの最初の5行とCRSを確認しています。

```
picked_gis = picked_gis.to_crs('EPSG:6674')
print(picked_gis.head())
print('--- crs ---')
picked_gis.crs
```

これを実行し、変更されたGeoDataFrameのgeometry列を確認すると、これまでの経度緯度とは違い、大きな数値になっていることがわかります。crs属性をチェックすると、X, Yの座標がある基準点からの距離（メートル）で表現されていることが分かります。

実行結果

```
   KEY_CODE                                           geometry
0         27  POLYGON ((-65482.497 -177418.374, -65447.229 -...
1  271020020  POLYGON ((-43475.732 -144405.584, -43438.447 -...
2  271040180  POLYGON ((-54580.596 -149188.879, -54892.073 -...
3  271040190  POLYGON ((-55695.705 -148696.020, -56315.281 -...
4  271040200  POLYGON ((-55143.391 -148804.038, -55395.684 -...
--- crs ---
<Projected CRS: EPSG:6674>
Name: JGD2011 / Japan Plane Rectangular CS VI
Axis Info [cartesian]:
- X[north]: Northing (metre)
- Y[east]: Easting (metre)
```

PolygonやMultiPolygonのarea属性が面積です。次のコードでは各KEY_CODEのgeometryを参照して、新たに作成するarea列に面積を情報として追加します。面積は平方キロメートルで表現したいので、1,000,000で割ります。Pythonでは数値をカンマの代わりに「_」（アンダーバー）で区切っても、数値として認識されます。大きい値を扱う場合は、これを使うとコードが読みやすくなるのでお勧めです。

```
picked_gis['area'] = picked_gis['geometry'].area / 1_000_000
picked_gis.head()
```

こうして算出した面積をheadメソッドでGeoDataFrameを確認すると、area列に数値が格納されています。

	KEY_CODE	geometry	area
0	27	POLYGON ((-65482.497 -177418.374, -65447.229 -...	0.075145
1	271020020	POLYGON ((-43475.732 -144405.584, -43438.447 -...	0.191220
2	271040180	POLYGON ((-54580.596 -149188.879, -54892.073 -...	1.089395
3	271040190	POLYGON ((-55695.705 -148696.020, -56315.281 -...	2.271304
4	271040200	POLYGON ((-55143.391 -148804.038, -55395.684 -...	0.511846

図5-41
area列に面積が追加されたことを確認したところ

これで面積の計算ができました。位置情報は経度緯度で持ちたいので、CRSをEPSG:4326に戻します。

```
picked_gis = picked_gis.to_crs('EPSG:4326')
```

前処理済み境界データの保存

統計データと結合する準備ができたので、ここで境界データを保存します。地理空間情報を保存するファイル形式はいくつかあります。e-Statから取得したファイルはシェープファイル(shapefile)と呼ばれる形式で、複数ファイルで地理空間情報を保存するものでした。ここでは、シェープファイルではなくジオパッケージ形式で保存しようと思います。これだと単一のファイルに保存できるので、ファイルの扱いが楽になります。

GeoDataFrameは、to_fileメソッドで保存します。

```
save_dir = '/content/drive/MyDrive/od-book/国勢調査/'
file_name = 'preprocessed_kyokai_data.gpkg'
save_path = save_dir + file_name
picked_gis.to_file(save_path, driver='GPKG')
```

統計データと境界データの結合

それぞれの前処理が終わった統計データと境界データを結合し、分析用のデータとして保存します。次のコードではそれぞれのデータを読み込んだあと、pandasのmerge関数を使ってKEY_CODEにより結合しています。

コード5-16　統計データと境界データを結合するプログラム

```
01 toukei_path = '/content/drive/MyDrive/od-book/国勢調査/preprocessed_data.csv'
02 kyokai_path = '/content/drive/MyDrive/od-book/国勢調査/preprocessed_kyokai_data.gpkg'
03 toukei_df = pd.read_csv(toukei_path, index_col=0)
04 kyokai_df = gpd.read_file(kyokai_path)
05 merged_df = pd.merge(kyokai_df, toukei_df, on='KEY_CODE')
06 print(merged_df.shape)
07 print(merged_df.crs)
08 print(type(merged_df))
```

注意点としては、GeoDataFrameを前にして結合することです。5行目のmergeメソッドの引数で、先にkyokai_dfを記述しているところに注目してください。最初に引数にしたデータ型を基準に結合されます。このため、DataFrameを先に記述して結合すると結合後のデータはDataFrameとなり、crs属性を持たないデータになってしまいます。

このコードを実行してみましょう。

実行結果

```
EPSG:4326
<class 'geopandas.geodataframe.GeoDataFrame'>
```

コラム

DataFrameを先に記述して結合すると……

試しにコード5-16を書き換えて、DataFrameを前にして結合させてみましょう。

```
01 test_merge = pd.merge(toukei_df, kyokai_df, on='KEY_CODE')
02 print(type(test_merge))
03 print(test_merge.crs)
```

このコードの実行結果を見てください。データはできましたが、DataFrameになってしまいました。そのため、3行目を実行する段階で、DataFrameにはcrs属性はないため、エラーが返されます。

実行結果

```
<class 'pandas.core.frame.DataFrame'>
(中略)
AttributeError: 'DataFrame' object has no attribute 'crs'
```

データの確認のため、結合したデータをもとにplotメソッドを使って、各地域の総人数を可視化しましょう。これまで地図データの観察はexploreメソッドを使っていましたが、データ量が多くなるとexploreメソッドでは処理できないことがあります。そういうときにはplotメソッドを使います。plotメソッドならデータが多くても視覚化できるので、覚えておくと便利です。その代わり、ズームして確認するなど、exploreメソッドでできていたインタラクティブな操作はできません。データを可視化するときは、そうしたメリット、デメリットを考慮してツールを選択するのがポイントです。

plotメソッドは次のように記述します。

```
merged_df.plot('総数、年齢「不詳」含む')
```

このコードを実行すると、位置情報とともに各地域の人口の総数が色別に表示されます。色が明るいところは人口の多い地域です。このような地図の表現を階級区分図と呼びます。

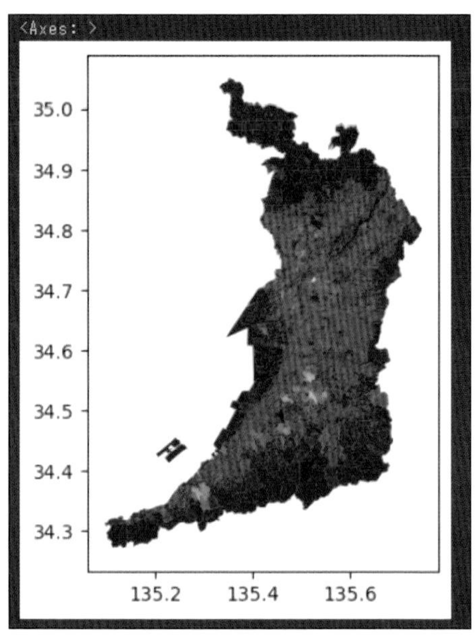

図5-42
階級区分図として表示した大阪府の人口分布

カラム名を半角英数に修正

前処理の最後に、データのカラム名を手直ししておこうと思います。カラムについてはマルチカラムを解消しただけで、カラム名は最初にデータが提供されたまま、手を加えていませんでした。これ以降の作業を考えると、コーディングする際に列名を指定するところでいちいち全角の文字列を打つのは、意外とストレスの溜まる手間になります。そこで、カラム名を半角英数に変更しようと思います。

まず、現状のデータでカラム名を確認します。

```
print(merged_df.columns)
```

これを見ると前のほうは半角英数文字のみですが、「総数、年齢「不詳」含む」列以降は全角文字を使った名称になっています。総数もしくは男、女の３通りに分かれており、それぞれに年齢階級が付く書式です。

図5-43　結合後のデータのカラム名

```
Index(['KEY_CODE', 'area', 'geometry', 'HYOSYO', 'CITYNAME', 'NAME',
       'HTKSYORI', 'HTKSAKI', 'GASSAN', '総数、年齢「不詳」含む', '総数０～４歳', '総数５～９歳',
       '総数１０～１４歳', '総数１５～１９歳', '総数２０～２４歳', '総数２５～２９歳', '総数３０～３４歳', '総数３５～３９歳',
       '総数４０～４４歳', '総数４５～４９歳', '総数５０～５４歳', '総数５５～５９歳', '総数６０～６４歳', '総数６５～６９歳',
       '総数７０～７４歳', '総数１５歳未満', '総数１５～６４歳', '総数６５歳以上', '総数７５歳以上',
       '男の総数、年齢「不詳」含む', '男０～４歳', '男５～９歳', '男１０～１４歳', '男１５～１９歳', '男２０～２４歳',
       '男２５～２９歳', '男３０～３４歳', '男３５～３９歳', '男４０～４４歳', '男４５～４９歳', '男５０～５４歳',
       '男５５～５９歳', '男６０～６４歳', '男６５～６９歳', '男７０～７４歳', '男１５歳未満', '男１５～６４歳',
       '男６５歳以上', '男７５歳以上', '女の総数、年齢「不詳」含む', '女０～４歳', '女５～９歳', '女１０～１４歳',
       '女１５～１９歳', '女２０～２４歳', '女２５～２９歳', '女３０～３４歳', '女３５～３９歳', '女４０～４４歳',
       '女４５～４９歳', '女５０～５４歳', '女５５～５９歳', '女６０～６４歳', '女６５～６９歳', '女７０～７４歳',
       '女１５歳未満', '女１５～６４歳', '女６５歳以上', '女７５歳以上'],
      dtype='object')
```

処理の流れは次の通りです。

1. 変更前の文字列をキー、変更後の文字列を値に持つ辞書を作成する
2. 元のカラム名をその辞書を使って置き換える
3. Pythonの標準ライブラリunicodedataを使って、全角数値を半角に変換する
4. データのカラム名に代入する

この処理を記述したのが、次のコードです。これを実行することでカラム名を変換できます。

```
henko_dict = {                          ……①ここから文字列変換の辞書を作成する
    '年齢「不詳」含む': 'all',
    '総数': 'total_',
    '男': 'men_',
    '女': 'women_',
    'の': '',
    '、': '',
    '歳': '_age',
    '未満': '_less',
    '以上': '_over',
    '～': '_'
}
cols = list(merged_df.columns)   ……変更したいカラムのリストを作成

for k, v in henko_dict.items():  ……②ここからのループで文字列を置換
    cols = [col.replace(k, v) for col in cols]
```

```
17 cols = [unicodedata.normalize('NFKC', col) for col in cols]
                                              ……③全角の数字を半角に変換
18 merged_df.columns = cols                   ……④変換したカラム名をデータに反映
```

まず、1～12行目で文字列を置き換えるための辞書を作ります。次に元のカラムをリストに格納し、変数colsに代入します（13行目）。

15行目と16行目で、最初に作った辞書に基づいて文字列を置き換えます。15行目で、for文で辞書の要素を順番に取り出し、変数kにキーを、変数vに値（バリュー）を渡します。16行目ではリスト内包表記を使い、書き換え前のカラムを変数colsから一つずつfor文で抽出し、colに代入します。その際、replaceメソッドを使って辞書のキーの全角文字列から、対応する値の文字列に置き換えます。

この段階では、辞書の要素を置き換えたcolsにはまだ全角の数字が残っています。そこで、標準ライブラリunicodedataのnormalize関数を使い、正規化の形式として'NFKC'を指定することにより、全角文字列を半角文字列に変換します（17行目）。そして18行目で、変換後のカラム名を元データのカラムに渡します。

最後に結合したデータをジオパッケージ形式で保存します。

```
save_path = '/content/drive/MyDrive/od-book/国勢調査/kokusei_osaka.
                                                              gpkg'
merged_df.to_file(save_path, driver='GPKG')
```

このコードを実行し、Googleドライブの所定のフォルダにkokusei_osaka.gpkgが作成されます。

以上で、データの前処理がすべて終了しました。次章では、このデータを使って大阪府の年齢別の人口がどのように分布しているか、可視化してしっかり観察していきましょう。

Chapter 6

ハンズオン

データの可視化

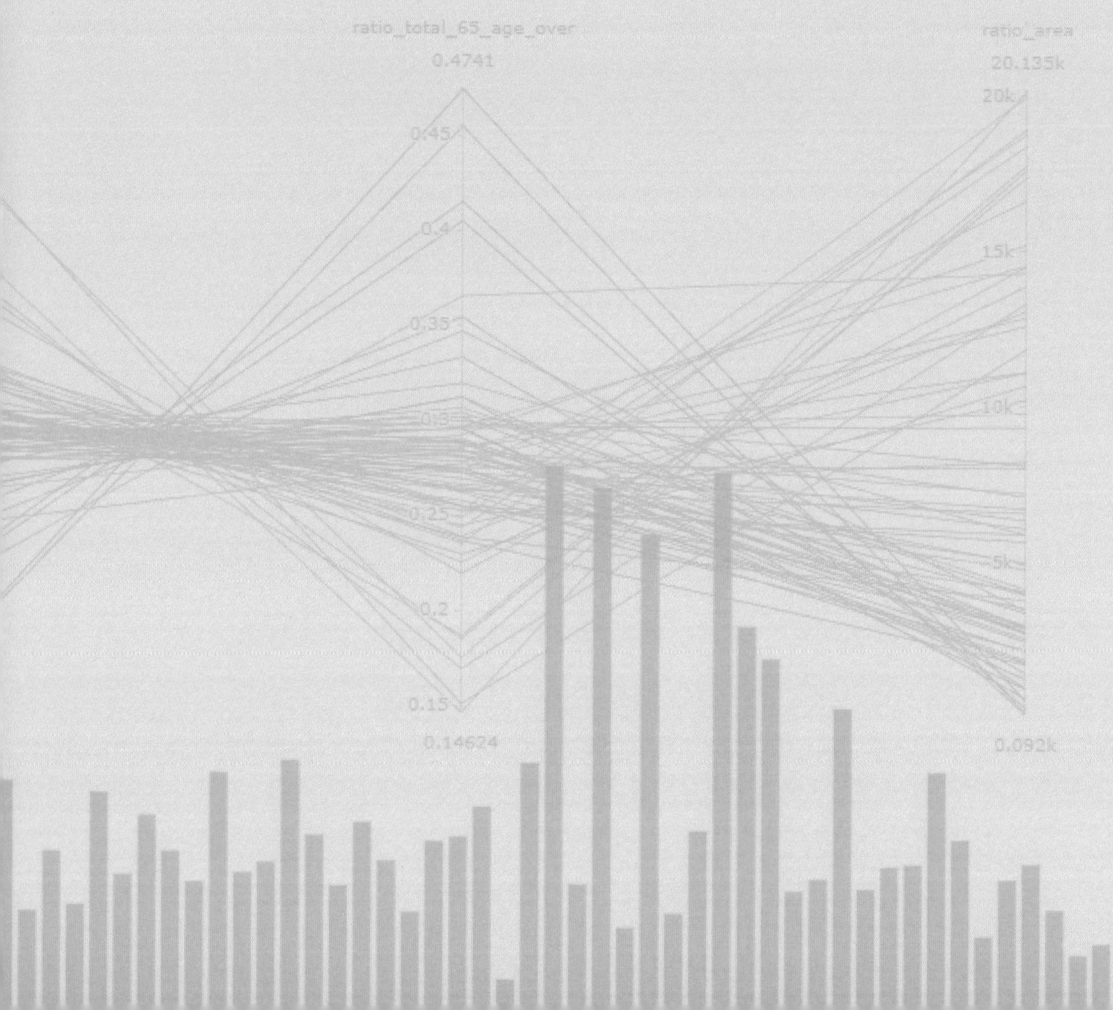

データを可視化する準備

前章の作業で、データで不備のあったところを修正し、次のプロセスに進む準備ができました。本章から、データ分析に取り組みます。本章では分析の第一段階として、データを可視化し、大阪府の各地域の年齢別人口のデータの特徴や傾向を読み取ります。データを理解する段階ともいえます。人間は表データで数値の羅列を観察するよりも、可視化したデータを観察した方が状況や傾向の理解が進むため、新たな視点を得られやすくなります。

今回は地域別に年齢および性別で集計されたデータと位置情報があります。それらのデータから地域を理解し、自社の戦略に合った地域や、地域別の戦略を練ってみましょう。

データの理解・分析の流れ

前処理以降のデータ分析は

① データを可視化と統計量から理解する
② 活用方法にあったモデル作成・データ分析
③ 意思決定できるような行動アイデアに落とし込み資料にまとめる

というプロセスで進めます。本章では①の段階を扱います。

実際の分析では、①と②を繰り返します。それにより行動アイデアをいくつか作って検討し、その中から自社にとって有用と考えられる行動を意思決定できるような資料にまとめて提案します。それが③の段階です。この提案は、採用してもらえることもあれば、不採用になることもあります。不採用となれば、さらに①に戻ったり、別のデータを調達するところからやり直したりしながら、データ分析プロセスを繰り返すことになります。

今回の地域の理解・分析のテーマ

繰り返しになりますが、データは明確なテーマを持って扱わないといけません。なぜ分析するのかという目的があいまいなまま、漠然と分析してしまうと、どういう結論を導けばいいのかわからなくなってしまうからです。個人的にはこういう状態を、「大量のデータの中で溺れてしまう」と呼んでいます。目的なく“何か”を探しながら、大量のデータの海にこぎ出す旅というのは、趣味では楽しいものですが、ビジネスでは効率が低くなります。

今回は、ファミリー層向けの物販施設や飲食店などの出店戦略を考えたり、シニア層を対象にした広告宣伝を効率的に展開したりといったビジネス上の課題を想定し、大阪府の年齢層別の人口分布を読み取ることを目的とします。前処理した元データを使って、この目的を達成できるようデータの可視化及びデータの集計などの処理を行っていきましょう。

データの読み込み・前処理

まずはデータを読み込み、分析に適したデータにしていきます。前章でデータを前処理しましたが、これは分析を阻害するような元データの不備を見つけ、これを修正するのが目的でした。これにより、作業上の元データができた状態です。ここでの前処理は、どう分析するかに合わせて効率的に視覚化し、観察しやすくなるよう、データを手直しすることです。

ここからは、新規のノートブックを作成して作業を進めていくという前提で説明します。まず、mapclassifyをします。mapclassifyはColabには用意されていないため、ノートブックを新規に作るごとにインストールが必要です。

```
!pip install mapclassify
```

その上で、あらためて必要なライブラリをインポートします。

```
import geopandas as gpd
import plotly.express as px
import folium
import panel as pn
import pandas as pd
```

```
from shapely.geometry import Polygon, Point
import math
import itertools
pn.extension('plotly', sizing_mode="stretch_width")
```

続いて、前章の最後に保存した、kokusei_osaka.gpkgファイルを読み込んで確認します。

```
data_path ='/content/drive/MyDrive/od-book/国勢調査/kokusei_osaka.
gpkg'
data = gpd.read_file(data_path)
print(data.shape)
print(data.info())
```

これを実行すると、データの行と列の数、それからデータの概要と各カラムの情報が表示されます。

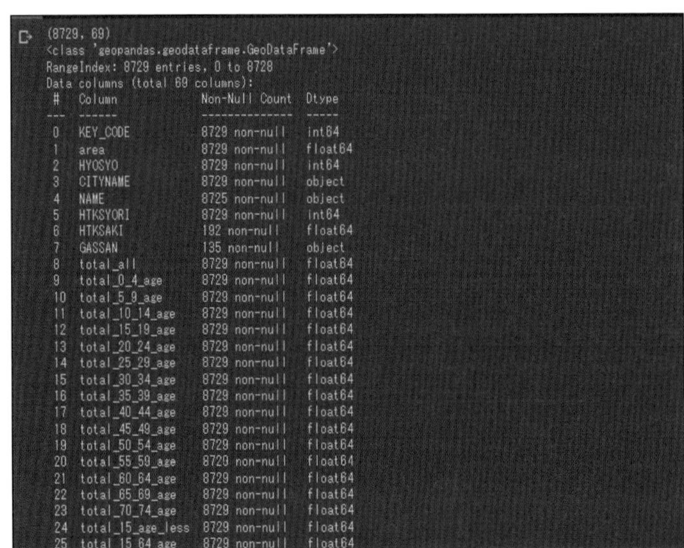

図6-1

kokusei_osaka.gpkgを読み込んで確認したところ

分析に備えたデータの前処理

次に、データを前処理します。前処理は次の手順で進めます。

まず、CITYNAMEレベルにデータを集約します。具体的には、現在のデータはCITYNAMEの下の層にNAMEまで持っています。具体的にはCITYNAMEとして「大阪市北区」を、NAMEに北区内の「太融寺町」を持つといった構造です。今回の分析では、CITYNAME単位で集計したデータを観察するため、CITYNAMEレベルで集約したデータを作成します。

ここで、細かくあるデータをわざわざ大きいスケール（CITYNAME）に作り直す理由は、最終的にインタラクティブな可視化をすることを考えているためです。細かいデータの方が、データの偏りなどが顕著に出ます。一方で、インタラクティブな可視化により、動的にいろいろなグラフやマップの表示を変えながらデータを分析する際は、ある程度データを絞らないとグラフが表示できません。シンプルに解説できるように、データを絞りました。読者の皆さんには、ハンズオンを一通り終えたあと、ぜひ細かい単位でのデータ分析にも挑戦していただきたいと思います。

前処理の手順に戻りましょう。CITYNAMEレベルでのデータ集約の次に、今回の分析では使わない列を削除し、人数のデータがfloat64型になっているのをint型に変更します。

さらに、今回の調査は人口分布を知りたいので、あらかじめ各エリアの人口密度および各年齢階層の総人口に占める比率のデータを作ります。

まずはデータを集約し、人数のデータ型を変換するところまでのコードを見てください。集約したデータは変数citynameに代入しています。

```
01  data = data.drop(['KEY_CODE', 'HYOSYO', 'NAME', 'HTKSYORI',
                                          'HTKSAKI', 'GASSAN'], axis=1)
02  cityname = data.dissolve('CITYNAME', aggfunc='sum', as_index=False)
03  for col in cityname.columns[cityname.columns.get_loc('total_all'):]:
04      cityname[col] = cityname[col].astype(int)
```

1行目ではdropメソッドを使って、必要ないカラムを削除します。dropメソッドはインデックス名やカラム名を指定して、該当する行もしくは列を削除します。ここでは必要のないカラムをリストに格納して渡したあと、削除するのがカラムであることを引数axisに1を渡すことで指示します。axisの初期値は0で、インデックスが削除されるようになっています。

2行目でデータを集約し、3行目および4行目でデータを変換しています。

2行目から見ていきましょう。データの集約にはdissolveメソッドを使います。集約時に数値を合算するために、引数aggfuncにsumを渡します。引数as_indexにより、集約するCITYNAMEをインデックスにするかどうかを指定します。ここではインデックスにはしないので、Falseを渡します。結合したデータは変数citynameに代入します。

3行目以降のコードで、total_all列以降のデータ型を小数から整数に変更します。get_locメソッドは指定したラベルの位置を返します。この場合total_all列を渡しているので、3が返され、それ以降の列が処理されます。

これを実行して、print関数で変数citynameを出力し、データを確認しましょう*1。
前章までにあった、市区町村より下の「丁目」レベルのインデックスがなくなり、データ集約できたことがわかります。

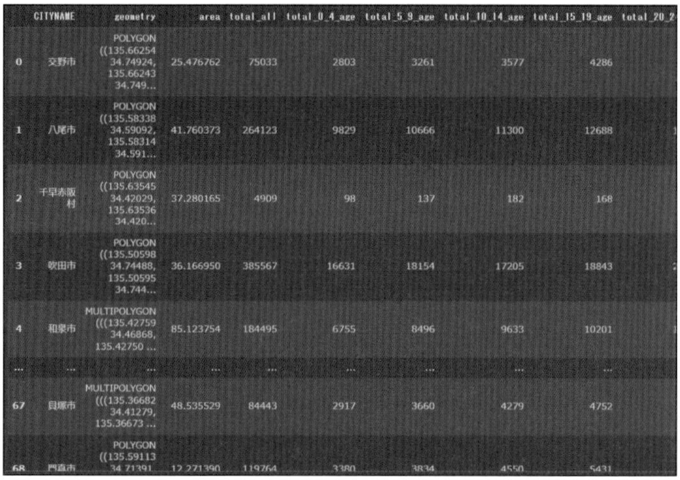

	CITYNAME	geometry	area	total_all	total_0_4_age	total_5_9_age	total_10_14_age	total_15_19_age	total_20_2
0	交野市	POLYGON ((135.66254 34.74924, 135.66243 34.749...	25.476762	75033	2803	3261	3577	4286	
1	八尾市	POLYGON ((135.58338 34.59092, 135.58314 34.591...	41.760373	264123	9829	10666	11300	12688	
2	千早赤阪村	POLYGON ((135.63545 34.42029, 135.63536 34.420...	37.280165	4909	98	137	182	168	
3	吹田市	POLYGON ((135.50598 34.74488, 135.50595 34.744...	36.166950	385567	16631	18154	17205	18843	
4	和泉市	MULTIPOLYGON (((135.42759 34.46868, 135.42750 ...	85.123754	184495	6755	8496	9633	10201	
...	...	...	...	...	...	...	...	...	
67	貝塚市	MULTIPOLYGON (((135.36682 34.41279, 135.36673 ...	48.535529	84443	2917	3660	4279	4752	
68	門真市	POLYGON ((135.59113 34.71391	12.271390	119764	3380	3834	4550	5431	

図6-2

CITYNAMEを結合し、データ型を修正したデータを開いたところ

次に人口密度と年齢階層別の総人口に占める割合を算出します。まず、次のコードを見てください。

```
ratio = cityname.loc[:, 'area':].apply(lambda x: x/cityname['total_
        all'] if not x.name == 'area' else cityname['total_all']/ x)
```

1行のコードですが、このコードはたくさん説明することがあります。まず

```
cityname.loc[:, 'area':]
```

です。.locは行と列を指定するときにラベル名で選択するためのコードです。列名のareaの後ろ

*1　データを出力するコードはこれ以降、記載しません。適宜コードを入力して実行してください。

に:(コロン)を付け、それ以降には列名の記述をしていないので、area以降のすべての列に対して動作することになります。

続くapplyメソッドは、対象のすべての行もしくは列に引数に指定した関数を適用します。今回は列に対してlambda以降の関数が適用されるようにコーディングしています。

lambdaは無名関数と呼ばれる関数を定義するときの書式です。無名関数そのものについてはここでは説明しないので、Pythonの文法解説を参照してください。

xは各列のSeriesオブジェクトになります(1列ずつのデータ)。Seriesはカラム名を持たない代わりに、name属性にカラム名を持ちます。無名関数の内容は、if文を使って、列のnameがareaであれば、面積当たりの人口を求めるために「総人口÷area列(面積)」を計算し、それ以外の列は総人口に占める比率を算出するために、「列(年齢別人口)÷総人口」を計算します。こうして作成できたデータを変数ratioに代入します。

このコードを実行し、データを出力してみましょう。

	area	total_all	total_0_4_age	total_5_9_age	total_10_14_age	total_15_19_age	total_20_24_age	total_25_29_age	t
0	2945.154537	1.0	0.037357	0.043461	0.047672	0.057122	0.047966	0.038743	
1	6324.727930	1.0	0.037214	0.040383	0.042783	0.048038	0.050030	0.046319	
2	131.678602	1.0	0.019963	0.027908	0.037075	0.034223	0.036464	0.026278	
3	10660.755069	1.0	0.043134	0.047084	0.044623	0.048871	0.055928	0.049050	
4	2167.373876	1.0	0.036613	0.046050	0.052213	0.055291	0.054587	0.042727	
...	...	...	...	...	...	...	...	...	
67	1739.818282	1.0	0.034544	0.043343	0.050673	0.056275	0.051313	0.042988	
68	9759.611773	1.0	0.028222	0.032013	0.037991	0.045348	0.054374	0.051084	
69	1417.559278	1.0	0.026964	0.036739	0.045850	0.050142	0.046260	0.036387	
70	3349.684169	1.0	0.036421	0.040547	0.045178	0.046663	0.048008	0.043561	
71	3937.714565	1.0	0.039867	0.041431	0.044630	0.051838	0.051155	0.044055	

72 rows × 61 columns

図6-3

人口密度と総人口比の計算結果をまとめたデータ

もとの数値のデータ(図6-2)と、ここで算出した割合のデータ(図6-3)を結合します。でも、その前に、もう少し手直ししておきましょう。割合のデータのtotal_all列のデータは、total_all÷total_allを計算しているだけなので、すべて1なのがわかっています。残しておいても意味がいないので、この列は削除します。また、数値のデータと割合のデータは同じ列名になってしまっています。このままだと同じ名前の列が数値と割合で併存してしまうことになってしまいます。まぎらわしいので、割合のデータの列名には頭に「ratio_」という文字列を加えることにしました。

```
ratio = ratio.drop('total_all', axis=1)
cols = [f'ratio_{col}' for col in ratio.columns]
ratio.columns = cols
cityname = pd.merge(cityname, ratio, left_index=True, right_
                                                    index=True)
```

このコードをじっくり見てみましょう。

1行目ではdropメソッドを使って、total_all列を削除しています。引数としてaxis=1を指定することにより、列に対して削除処理が適用されます。axisの初期値は0で、行に適用されます。

2行目では、割合のデータを格納した変数rarioの各カラムの名前に文字列を加えます。追加する文字列はratioです。コードとしては、各列の新しい名前に「ratio_＋元のカラム名」を渡しています。

4行目で、cityname（数値データ）およびratio（割合データ）をmergeメソッドで結合します。インデックス番号をもとに結合するため、left_index, right_indexの両方にTrueを渡しました。

これを実行して、可視化の前処理は完了です。これがどのようなデータなのか、次のステップで探っていきましょう。

データの可視化

データの理解を進めるための最初のステップは、データを可視化して観察することです。ここでは、まずplotlyやfoliumを使ってさまざまな方法で個別にデータを可視化する方法を紹介します。そのあと、動的にデータを絞り込んだり、表示データを変えたりできるよう、インタラクティブな可視化ツールをpanelを使って作るところまで説明します。

個別の可視化

ここまでの作業ですでに、このデータで気になる部分が出てきている人もいるのではないでしょうか。まずは気になる部分からデータを可視化していきます。

今回地域別にマーケティング戦略を考えるにあたって見てみたいのは次の点です。

- 地域ごとの1平方キロメートル当たりの人口密度
- 地域ごとの各年齢層の割合
- それぞれの関係

ここからは、それぞれを観察するのに適したやり方で、視覚的にプロットしていきましょう。

棒グラフと地図で人口密度をプロット

まずは棒グラフと地図で人口密度をプロットして各地域の傾向をつかんでみようと思います。

ここでは棒グラフをplotly.expressのbar関数で作成します。人口密度の値に従って昇順にソートしたグラフにします。ソートは、bar関数に渡す時点で並べ替えておきます。

```
fig = px.bar(cityname.sort_values('ratio_area'), x='CITYNAME',
                              y='ratio_area', title='CITYNAME別人口密度')
fig.show()
```

bar関数の引数には、表示させたいデータの列名を渡します。第1引数としてデータに人口密度を持つ列名ratio_areaでソートして渡しています。これは

```
cityname.sort_values('ratio_area')
```

の部分で、sort_valuesメソッドは、指定したラベル名でデータを並べ替えてくれます。

次に、引数xにx軸に表示する要素を持つ列名CITYNAME、引数yにy軸に表示する要素を持つ列名ratio_area、引数titleにグラフのタイトルを渡しました。

コードの実行結果を確認すると、1平方キロメートルあたりの人口密度は91人から2万人までと、かなり幅があることがわかります。

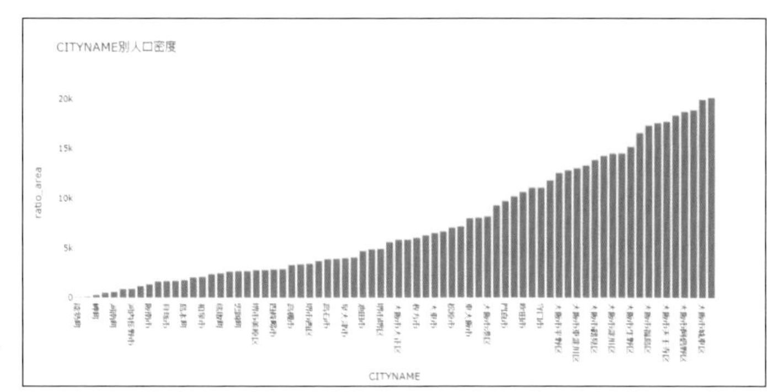

図6-4
市区町村別の人口密度を昇順で並べた棒グラフ

次に、人口密度と場所の関係を観察するために、地図に人口密度をプロットしてみましょう。それにはGeoDataFrameのexploreメソッドを使います。

```
osaka_map = cityname.explore('ratio_area', tooltip=['CITYNAME',
                                          'total_all', 'ratio_area'])
osaka_map
```

これを実行して地図を確認すると、大阪市と隣接する地域は人口密度が軒並み1万人以上となっており、そこから離れるに従って徐々に人口密度が低くなっていくことがわかります。

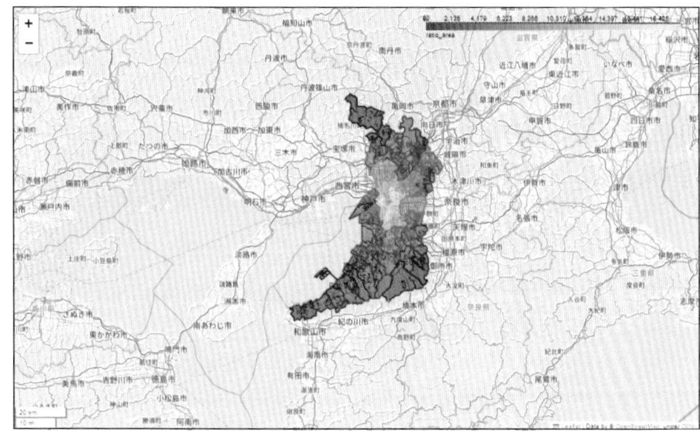

図6-5

人口密度を地図上にプロットしたところ。中心部が高く、離れるに従って下がっていく

中心部をドラッグ操作で選択してズームしてみましょう。すると、選択したエリアでの詳細がわかります。

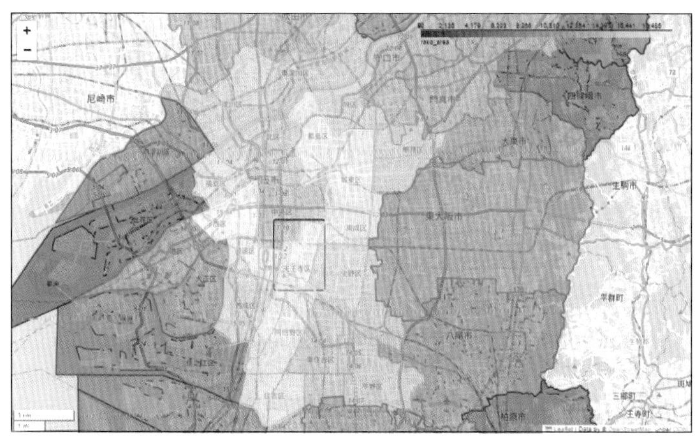

図6-6

人口密度が高いエリアを選択して表示したところ

またマウスポインターを載せることで、個々のエリアごとの詳細なデータを見ることもできます。該当の地域名、総人口、人口密度をすぐに参照できます。

図6-7

個々の地域にマウスポインターを載せると実データが表示される

中心部の人口密度が高く、そこから離れるにしたがって人口密度が低くなるという事実は予想通りという人が多いでしょう。しかし、データ分析では予想と事実が一致していることを確認するのも重要です。「こうだ」と思っていたことが、事実に反していたということもあります。その場合、同じような誤解している人も多いことが考えられるため、その発見がビジネスチャンスにつながる可能性があります。

年齢別人口の割合と人口密度の関係を散布図に

年齢別の人口分布を調べたいので、年齢別人口の割合と人口密度の関係をプロットしてみます。ここでは、散布図と平行座標プロットという２通りの方法でデータを確認します。

まず最初に散布図を作成します。散布図はx軸とy軸にデータを持たせ、二次元での情報理解に役立つプロットです。それに加えて、色や円の大きさを組み合わせることにより、データの要素数を増やすことができます。その上にサブプロットやトレンドラインを追加することにより、より深くデータを考察することができます。

ここでは、15歳未満の割合をx軸、65歳以上の割合をy軸にした散布図を作ります。このとき、各地域のデータをこの散布図にプロットする際、ただ単に点で示すのではなく、該当する地域の15歳から64歳までの割合を色で、円の大きさで人口密度を示すことにします。

これを実装したのが、次のコードです。多次元のデータを散布図で表しています。

```
01 fig = px.scatter(cityname,
02                  x='ratio_total_15_age_less',
03                  y='ratio_total_65_age_over',
04                  color='ratio_total_15_64_age',
05                  size='ratio_area',
06                  hover_data=['CITYNAME'],
07                  marginal_x='violin',
08                  marginal_y='violin',
09                  trendline='ols',
10                  title='年齢別人口比率と人口密度'
11                  )
12 fig.show()
```

散布図を作るにはscatter関数を使います。その引数が多岐に渡るので、コードを見渡しやすいよう、引数ごとに行を変えてみました。

まず、1行目ではscatter関数に、利用するDataFrameを代入した変数citynameを渡しています。

2行目および3行目で、x軸に15歳未満の割合、y軸に65歳以上割合の列名を渡しました。

4行目では、色を示す引数colorに15歳から65歳の総人口比を示す列名ratio_total_15_64_ageを渡しています。続く5行目では、大きさを示す引数sizeに地域の人口密度を示す列名ratio_areaを指定しています。

次に、散布図中の円にマウスオーバーしたときに該当する地域名を表示するため、引数hover_dataに、CITYNAME列の地域名をリストに格納して渡します（6行目）。

7行目、8行目でx軸、y軸のサブプロットを設定します。ここではviolinを渡して、それぞれにバイオリンプロットを表示するよう設定しました。バイオリンプロットはデータの確率密度を表現するグラフです。これを用いることによりデータの散らばり具合がわかりやすくなります。

さらに、散布図には全体の傾向を示すトレンドラインを追加します（9行目）。引数trendlineにolsを渡し、最小二乗法によるトレンドラインに設定しました。

これを実行すると、次のような散布図が作成されます。

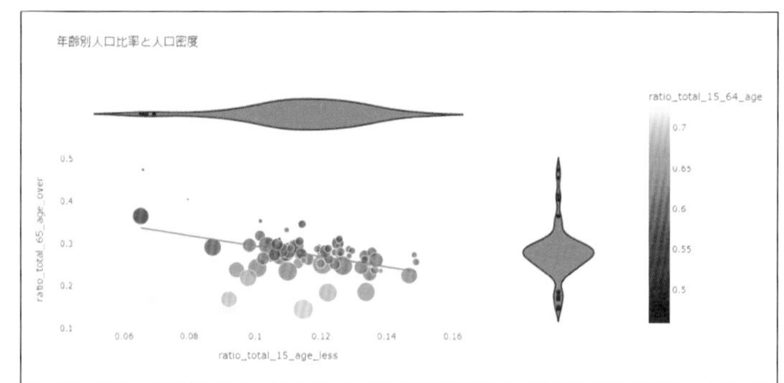

図6-8

多次元のデータを視覚化した地域別人口密度の散布図

いずれかの円にマウスポインターを載せると、6行目でコーディングしたようにデータの統計量などが表示されます。

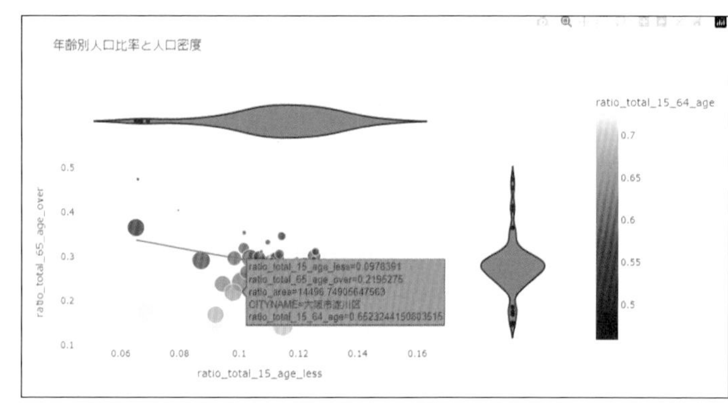

図6-9

大阪府淀川区にマウスポインターを載せたときの表示

図6-8を作ったことにより、次のようなことが見えてきました。

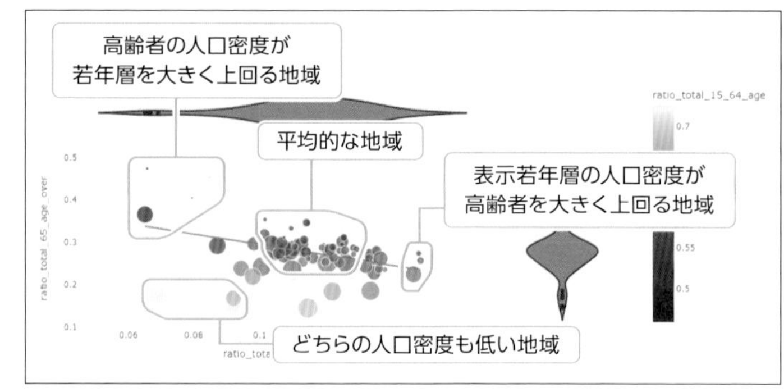

図6-10

大きな特徴を持つ地域、平均的な地域などがわかってくる

くわしく見てみましょう。

65歳以上の比率が高い地域を見てみると、左上のほうに集まっており、右上にはありません。従って、こうした地域は15歳未満の人口密度は逆に低いことがわかります。

一方、15〜64歳の割合はそれぞれの円の色で表現されており、紫だとその割合が低く、黄色になるほど高くなることを表します。人口密度は円の大きさで表現されています。円の色と大きさに着目すると、色が黄色に近くなるほど、大きさが大きくなる傾向があることから、15〜64歳の割合が高いほど、人口密度も高いことがわかります。

また、人口割合の中央値は、65歳以上が27.6%、15歳未満が11.4%ということがわかりました。これは右および上のバイオリンプロットにマウスポインターを載せると、それぞれの統計量が出るのでわかります。

同じ要素を平行座標プロットで確認

次に平行座標プロットを使って、同じ要素を確認します。散布図では、各地域ごとの

- 総人口に占める15歳未満の比率
- 総人口に占める65歳以上の比率
- 総人口に占める15〜64歳の比率
- 人口密度

についての関係性を調べてみました。一応、関係はあるようにも見えますが、明確な相関というよりは少し感覚次第なところもあります。

データが多くなると、自分が使い慣れたツールだけではどのように工夫しても表現しきれない部分が出てきます。そのようなときのために、できるだけ使えるツールを増やしておく必要があります。平行座標プロットは、そうした目線を変えるのに役立つツールの一つです。

平行座標プロットは複数の次元の軸を平行な線として配置し、それぞれの軸上に各要素をプロットします。これを同じ要素同士でつなぎ、線として示します。多次元のデータの観察をするのに優れたグラフを作れます。

並行座標プロットの例として、図6-8と同じ要素で作ったものを見てください。

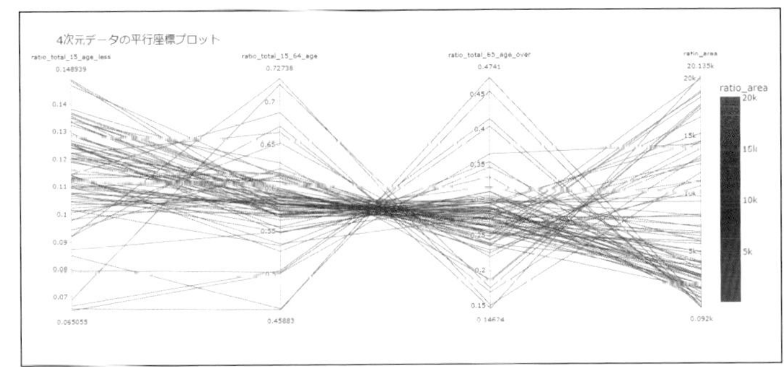

図6-11

図6-8と同じ要素で作成した平行座標プロット

グラフの詳細は、コードの詳細を見てから説明しましょう。次の7行のコードが平行座標プロットを作成するプログラムです。

```
01 fig = px.parallel_coordinates(cityname,
02                               color='ratio_area',
03                               dimensions=['ratio_total_15_age_less', 'ratio_total_15_64_age', 'ratio_total_65_age_over', 'ratio_area'],
04                                 color_continuous_scale=px.colors.sequential.Bluered,
05                                 title='4次元データの平行座標プロット'
06                                 )
07 fig.show()
```

このコードのうち、1行目から6行目までがで、平行座標プロットを作るparallel_coordinates関数です。1行目で元データとして、これまで同様citynameを渡しています。

2行目では、グラフの線の色を設定する引数colorに列名ratio_areaを渡し、色を人口密度で表現しました。

次の引数dimensionsに、グラフに表現する4つの次元の列名を渡しています。ここで渡しているのが、

- 総人口に占める15歳未満の比率
- 総人口に占める15歳から64歳の比率
- 総人口に占める65歳以上の比率
- 人口密度

を表す列です（3行目）。

続く4行目で、線の色をplotly.expressに組み込まれているカラーセットcolorsを使って設定しています。ここでは

```
px.colors.sequential.Bluered
```

とすることで、人口密度の値をカラーセットの色調で表現し、各地域の線に割り当てています。

これを実行したのが、図6-11です。それぞれの地域別に各次元のデータがプロットされます。これにより、各年齢層の割合と人口密度のデータの関連具合がわかりやすく表示されています。どの次元が高いと、別の次元ではこうなるといった傾向がとらえやすくなっていると思いませんか？

平行座標プロットは、マウスで範囲を指定して要素を絞り込むことができます。

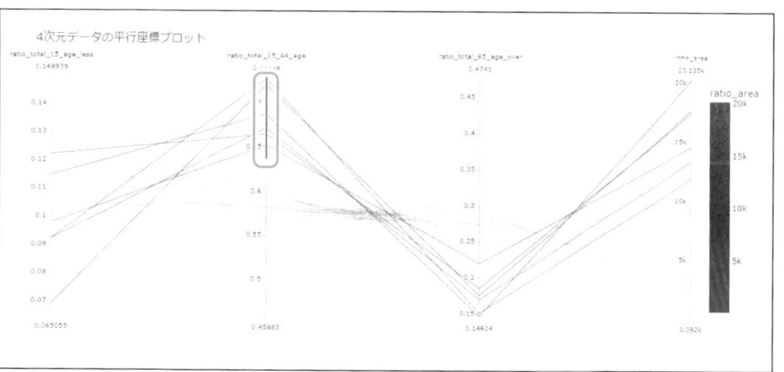

図6-12

15歳から64歳の人口比率が高い要素をドラッグで選択すると、それ以外の要素をグレーにすることで絞り込んだ表示にできる

絞り込んだ次元の軸に表示された太い線が選択範囲を示しています。これを上下に動かすと、絞り込みの範囲を変えることができます。

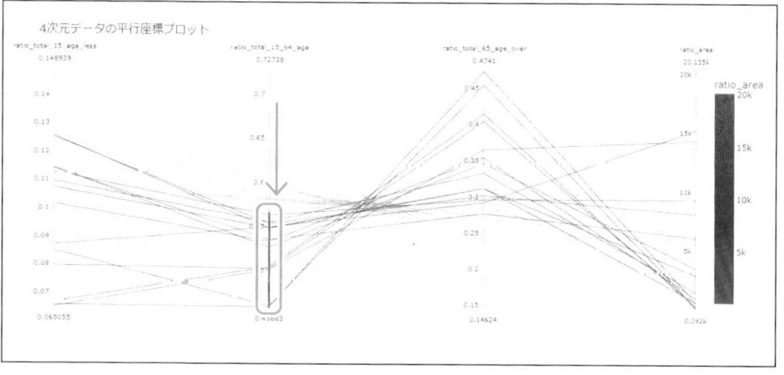

図6-13

対象となる軸上の太い部分を上下にスライドさせると、色付きで表示する要素を変更できる

この平行座標プロットを観察することにより、次のような知見を得ることができました。

たとえば、15～64歳の割合が最も高い多いグループは、人口密度が高い地域の集団でもあり、そうした地域では他の年齢層の比率が相対的に低くなっています。

また、15～64歳の割合が最も低いグループは65歳以上が多い地域でもあります。散布図だけでは読み取りにくかったことが、平行座標プロットで見えてきたと実感できたのではないでしょうか。このように、複数のツールでいろいろ視点を変えながらデータを観察することは、新たなアイデアを着想するために重要です。

インタラクティブなダッシュボードで分析する

可視化ツールを使うとデータ理解を深められることをおわかりいただけたのではないかと思います。一方で、他の要素を確認する際は、再びコーディングに戻り、渡す列名を変更して再実行し、新たなグラフを確認するというような作業になります。現場では多岐に渡るデータを同時に使って分析するケースが増えてきており、個別のグラフを作り直す作業を何度も繰り返すのは効率的ではありません。

そこで、表示するデータを簡単に変えられるようなインタフェースをグラフに付けてみましょう。これにより「こっちのデータで見てみたら、もっとはっきり傾向を表せるのでは?」と思い付いたときに、簡単に確かめてみることができます。こうしたインタラクティブなダッシュボードを作成する方法も紹介しましょう。ちなみに、ダッシュボードとは複数のデータをグラフで確認できるツールのことです。

表示要素を変えられる棒グラフを作成

まずは、表示要素を切り替えられる棒グラフを作成します。要素の切り替えにはプルダウンメニューを表示し、ユーザー操作により表示項目が変更されると、それに合わせて動的にグラフの表示要素が更新されるダッシュボードを作成します。

まず、コード全体を見てください。

```
01 cols_list = list(cityname.columns[3:].values)
02
03 def show_chart(col_name):
04         '''col_nameで指定された列名で指定されたデータ
05         をソートし棒グラフを返す'''
06     fig = px.bar(cityname.sort_values(col_name),
07                  x='CITYNAME',
08                  y=col_name,
09                  title=f'CITYNAME別: {col_name}'
10                  )
11     return fig
12
13 col_sel = pn.widgets.Select(name='bar_sel', options=cols_list,
                                              value='ratio_area')
14 interactive_chart = pn.bind(show_chart, col_sel)
15
16 pn.Column(
17     col_sel,
18     interactive_chart
19 )
```

これまでに出たきたなかでは、かなり長いプログラムですね。それでも19行です。重要なところを見ていきましょう。

まず1行目で、プルダウンメニューに表示するための要素を指定しています。グラフに表す要素は、citynameの列名の4列目以降です。その対象となるカラムのリストを作成します。

3行目から11行目でグラフを作成する関数を作ります。show_chart関数を定義しました。この関数は引数col_nameとして渡されたデータをソートし、これをもとにplotly.expressで作った棒グラフのデータを返します。

13行目で、要素を選択できるSelectオブジェクトを作ります。これはプルダウンメニューになります。オブジェクトの引数nameにはツールの名前（bar_sel）、引数optionsには1行目で作ったカラム名のリスト、引数valueにはプルダウンメニューの初期値になるratio_areaを渡します。

14行目では、panelライブラリのbind関数を使って、プルダウンメニューの選択値が変更されたときに、それに合わせてグラフを更新するため、show_chart関数を呼び出す機能を作成しています。bind関数により、show_chart関数と、show_chart関数に渡す引数としてcol_selをひも付けました。これにより、プルダウンメニューで選択される値が更新されると、その値がshow_chart関数の引数col_nameに渡され、グラフの表示が切り替わります。

16行目から19行目までのコードで、レイアウトをColumnクラスを使って選択用のプルダウンメニューとグラフを垂直に配置します。

これを実行してみましょう。

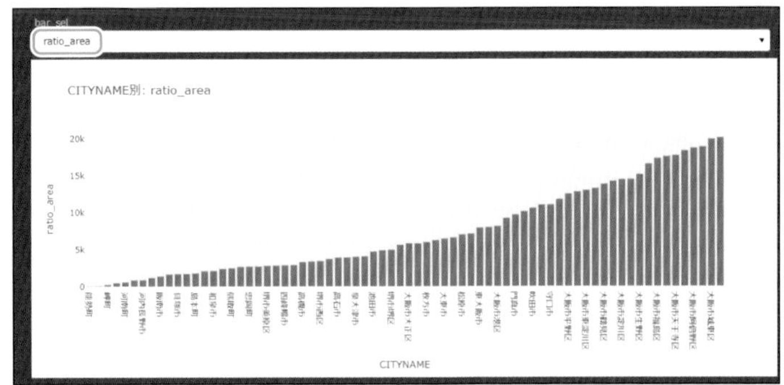

図6-14

実行した直後のダッシュボード

実行した直後はratio_areaつまり人口密度が昇順に並んだ棒グラフになっています。画面上部のウィジェットをクリックして、開いたメニューからratio_total_15_age_lessを選んで、15歳未満の総人口比が高い順に並べ直してみます。

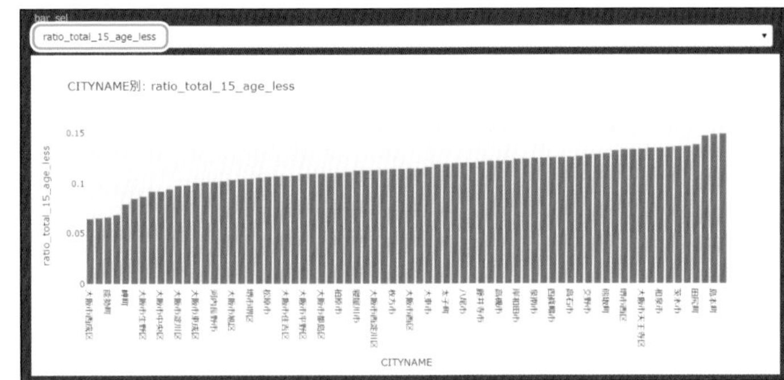

図6-15

表示する要素を人口密度から15歳未満の総人口比に変更したところ

試行錯誤しながら可視化する過程は、表示する要素を変えながら、ああでもない、こうでもないといろいろな見方を試してみる段階でもあります。そうしたときにこのようなツールを使うことにより、簡単にグラフを書き換え、幅広い視点からデータを観察することができます。

コラム

panelのbind関数

panelを使うと、短いコードでインタラクティブなダッシュボードをJupyterLabやJupyter Notebook、Colab上で動かすことができます。Pythonを使ったデータ分析はJupyterLabを使って行われることが多いので、短いコードでインタラクティブなダッシュボードが簡単に作れるメリットは大きく、活用することをぜひお薦めします。

ダッシュボードをインタラクティブにするカギを握るのはpanelライブラリのbind関数です。そのため、この関数についてもう少しくわしく解説しておきましょう。

bind関数は、何らかの関数とウィジェットを結びつけ、ウィジェットの値が変更されると関数が呼び出される機能を作ります。関数に渡す引数を動的に変化させて関数を実行することで、インタラクティブに動作するウィジェットが作られます。

bind関数のヘルプを参照すると*2、最初に

```
bind(function, *args, watch=False, **kwargs)
```

というコードが表示されます。

argsは位置引数（arguments）を意味し、（アスタリスク）は任意の数ということで、いくつでも引数を渡せることを意味します。**kwargはキーワード引数を意味し、こちらも任意の数の引数を渡すことができます。

位置引数は、引数名を指定せずに入力された順番にデータを渡します。その代わり引数の順番通りに値を渡す必要があります。キーワード引数は引数を指定して値を渡します。値を渡す順序は関係なく、キーワードにより渡すデータを指定できます。

まず、引数の順序を決めずに関数を定義した場合のコードを見てください。順序を決めていないため、記述した順に引数を受け取って、関数は動作します。

コード6-1　**引数を記述した順番で実行結果が変わるコーディングの例**

```
txt1 = pn.widgets.TextInput(name='txt1', placeholder='ここに文字を入力してください')
txt2 = pn.widgets.TextInput(name='txt2', placeholder='ここに文字を入力してください')

```

＊2　help関数を使ってhelp('pn.bind')を実行した場合

```
# txt1, txt2の順で文字を返す関数
def output_txt(txt_1, txt_2):
    return f'{txt_1} / {txt_2}'

# 引数を指定せず、txt2, txt1の順にbindにデータを渡すと、2、1の順で表示される
output = pn.bind(output_txt, txt2, txt1)

pn.Column(
    txt1,
    txt2,
    output
)
```

このコードを実行してみます。

図6-16
コード6-1の実行結果

txt1のウィジェットが上、txt2のウィジェットが下に表示されました。次のコード6-2も実行して、図6-16と比べてください。

コード6-2　引数の順序を変えても実行結果が変わらないコーディングの例

```
# 引数を指定しているので、入力並び順通り出力される
output = pn.bind(output_txt,txt_2 = txt2, txt_1 = txt1)

pn.Column(
    output
)
```

こんばんは / 今日は星がきれいです

図6-17
コード6-2の実行結果

複数のウィジェットを持つダッシュボード

図6-12の平行座標プロットでは、4項目の表示要素を同時にプロットしました。これにもインタラクティブに動作するダッシュボードを作ってみましょう。ウィジェットも4項目分が必要になります。

次のコードのポイントはfor文を使ってリストにウィジェットを格納し、それを*(アスタリスク)を使って、bindやRowに渡している部分です。

```
# Selectを格納するためのリスト
select_list = list()
# 4つのSelectの初期値のデータの辞書
init_values = {
    1: 'ratio_total_15_age_less',
    2: 'ratio_total_15_64_age',
    3: 'ratio_total_65_age_over',
    4: 'ratio_area'
}
# 4つのSelectウィジェットを作成し、リストに格納
for k, v in init_values.items():
    row = pn.widgets.Select(name=f'selector-{k}', options=cols_list,
                                                                    value=v)
    select_list.append(row)

# 並行座標プロットを作成する関数
def update_para(sel1, sel2, sel3, sel4):
    fig = px.parallel_coordinates(cityname, color=sel4,
                                  dimensions=[sel1, sel2, sel3, sel4],
                                  color_continuous_scale=px.colors.
                                                        sequential.Bluered
                                  )
    return fig

# 関数とウィジェットをバインド
```

```
24  interactive_para = pn.bind(update_para, *select_list)
25
26  # Rowを使って横に選択ウィジェットをならべ、その下にグラフを配置
27  pn.Column(
28      pn.Row(*select_list),
29      interactive_para)
```

複数のウィジェットをリストに格納しているのが、11行目からのfor文です。この繰り返し処理の中で、辞書形式で作成した4項目の選択肢であるinit_valuesからSelectクラスでウィジェットを一つずつ作成し、これをselect_listにリスト形式で追加します。

このselect_listを

```
*select_list
```

と記述することで任意のウィジェットを、24行目ではbind関数に、28行目ではレイアウトに渡すことで、すべてのウィジェットを一つずつそれぞれに渡すことができるようになっています。この*(アスタリスク)はアンパック演算子と呼ばれます。アンパック演算子はイテラブルなオブジェクトを展開してくれます。今回の場合、select_listには四つのSelectorがリスト形式で格納されています。格納されたSelectorを一つずつ個別に渡すコードを簡潔に記述するため、アンパックを使っています。

このコードを実行すると、次の図のように4個のウィジェットと並行座標プロットが表示されます。

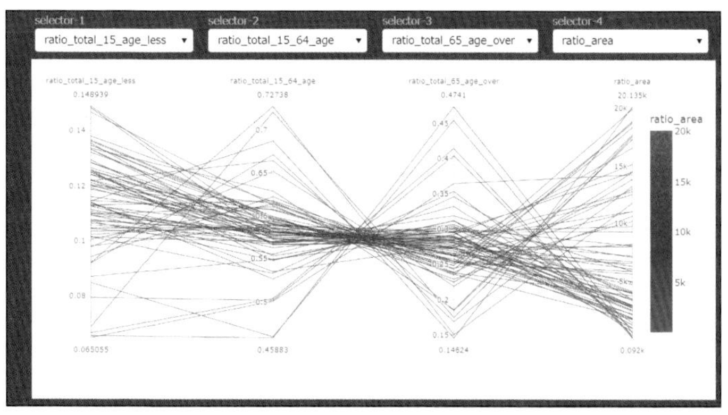

図6-18

4種類のウィジェットを持つ並行座標プロットを表示できるダッシュボード

ウィジェットから要素の選択を変更すると、それに応じて自動的にグラフも更新されます。

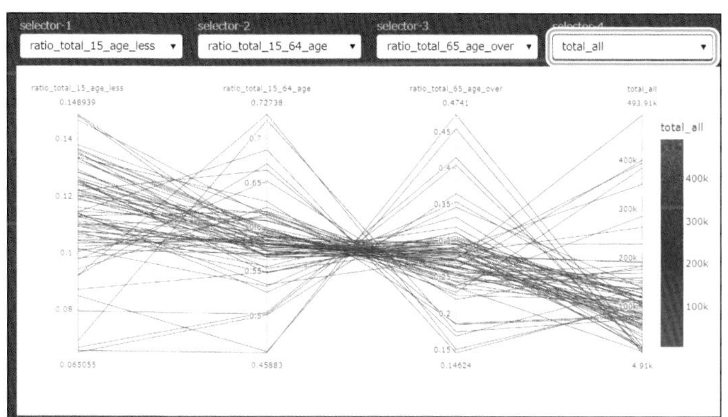

図6-19

図6-18で人口密度を選択していた右端のウィジェットで、表示要素を全年齢の人口(total_all)に変更したところ

地図と棒グラフを同時に表示

可視化の最後に、地図データと棒グラフで同じデータを表示するダッシュボードを作成してみます。今回の分析のように位置情報も数値情報もどちらもある場合は、地図のプロットだけあればよいように思われがちです。しかしながら実際には、詳細がわかるグラフが横にあることで、データに関する理解がより進みます。ひと目でたくさんの観察ができるのは、データ分析にとって大きなメリットです。

ただ、地図も合わせて表示するダッシュボードは、ウィジェットの操作に伴って地図表示を更新するのに少し時間がかかるため、グラフ単体のダッシュボードよりも反応が鈍くなる点はあらかじめ頭に入れておきましょう。

グラフと地図の関数をそれぞれ用意

ダッシュボードは、一つのプルダウンメニューの下に地図と棒グラフを横並びに配置することにしました。プルダウンメニューの選択値が更新されると、それに合わせて地図もグラフも更新されます。

そうした設計で作成したのが次のプログラムです。

地図と棒グラフを同時に表示するダッシュボード用のプログラム

```
# 選択肢をデータのカラムから作成。今回は広さも観察したいので'area'を含む
cols_list = list(cityname.columns[2:].values)

# 棒グラフを作成する関数
def show_chart(col_name):
    fig = px.bar(cityname.sort_values(col_name),
                 x='CITYNAME',
                 y=col_name,
                 title=f'CITYNAME別: {col_name}',
                 height=600
                 )
    return fig
```

```
13
14  # 地図を作成する関数
15  def show_map(col_name):
16      tooltip=['CITYNAME', 'total_all'] + [col_name]
17      osaka_map = cityname.explore(col_name, tooltip=tooltip)
18      osaka_map = pn.pane.plot.Folium(osaka_map, height=600)
19      return osaka_map
20
21  # 表示データを選択するSelect
22  col_sel = pn.widgets.Select(name='dsel', options=cols_list)
23
24  # グラフ、地図共に上のSelectをバインド
25  interactive_chart = pn.bind(show_chart, col_sel)
26  interactive_map = pn.bind(show_map, col_sel)
27
28  # 地図とグラフが横に並ぶようにレイアウトを作成
29  pn.Column(
30      col_sel,
31      pn.Row(
32          interactive_map, interactive_chart
33      )
34  )
```

このコードでは、2行目でまずSelectに渡す選択肢のリストを作成します。次に棒グラフを作成する関数（4～12行目）、地図を作成する関数（14～19行目）を定義したあと、プルダウンメニューを作成します（22行目）。続けて、bind関数を使ってプルダウンメニューと地図、棒グラフをバインドします（25～26行目）。最後にウィジェットをレイアウトして完成です（28～34行目）。

地図を作成するshow_map関数を定義しているのが、15行目から19行目です。

地図オブジェクトは、17行目の

```
cityname.explore(col_name, tooltip=tooltip)
```

で作成します。そこで、このオブジェクトを格納したmapを、18行目でpanelライブラリの

Foliumクラスに渡し、ダッシュボード内の表示サイズを指定したうえでインスタンスを生成、これをshow_map関数の戻り値としています。

これを実行して、ダッシュボードに地図と棒グラフが表示されていることを確かめてください。

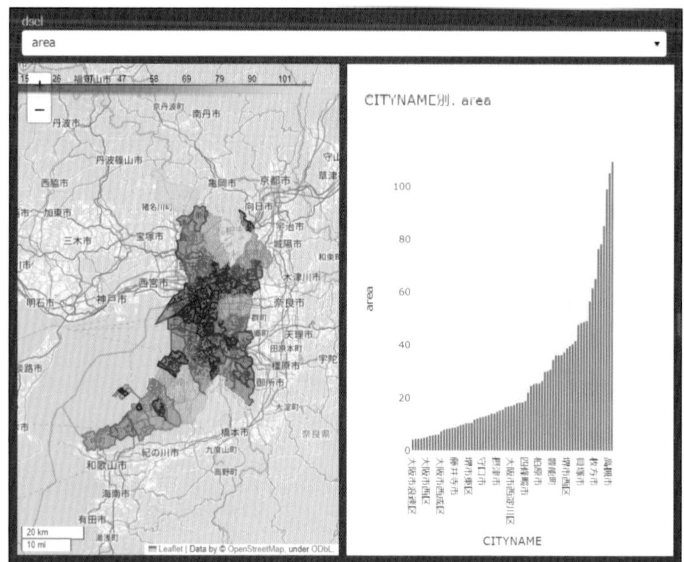

図6-20

ダッシュボードに地図と棒グラフを同時に表示できた

ダッシュボード上のウィジェットを操作して表示データを変更し、地図と棒グラフが更新されることも確認しましょう。

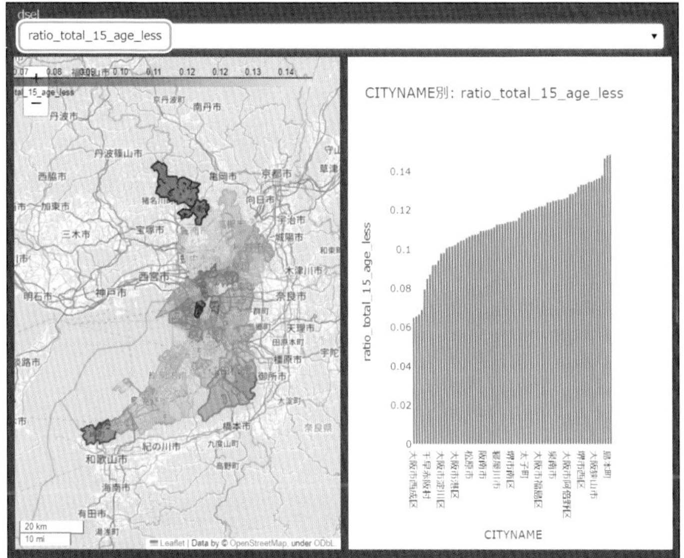

図6-21
表示データを変更してデータを更新

「15～64歳」を分割してデータ属性の追加

データを観察していると、作業に必要なデータを追加する必要が出てきます。今回の場合、15～64歳というくくりでは広すぎる分類のため、新しく15～29歳、30～49歳、50～64歳と分割したデータを、人数、地域内の割合についてそれぞれに作成します。これにより、もう少し細かく年齢別の人口分布を観察できるようになります。

年齢を分けたデータを作成

データの作成手順を検討します。まず、それぞれに新しい階級に必要なデータをたし合わせ、新たな値を算出します。現状のデータを見ると列名は、人数の場合「total_年齢1_年齢2_age」、割合の場合「ratio_total_年齢1_年齢2_age」というルールで命名されています

ここではまず、命名ルールに出てくる「年齢1」「年齢2」に相当する数値を作ります。次に、その階級に当てはまる値を呼び出して計算し、元々のデータに追加します。

15歳から29歳の新たな階級データを計算する処理は、次のようなコードになります。

```
01 cols = ['total_15_19_age', 'total_20_24_age', 'total_25_29_age']
02 cityname['total_15_29_age'] = cityname[cols].sum(axis=1)
03 print(cityname['total_15_29_age'])
```

このプログラムでは15〜29歳の値を計算します。1行目で、そのために必要な列名のリストを作りました。

次の2行目で、各列の値を合計し、その結果をcitynameにtotal_15_29_ageという列を新たに作って追加します。

このコードを実行してみました。

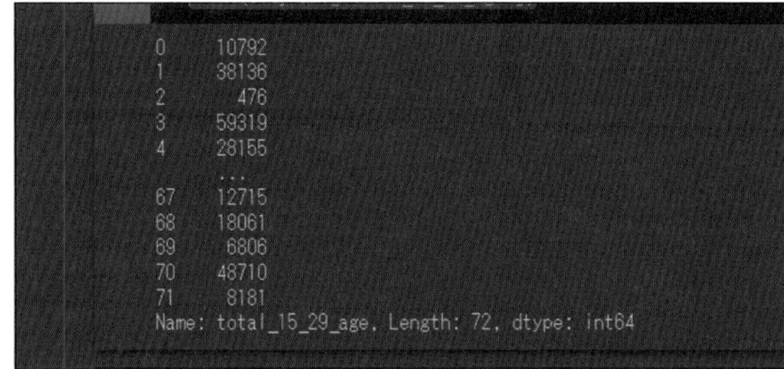

図6-22

各地域の15〜29歳の合計値を計算した結果

想定通り動いているか、図6-22の0〜4行目のデータを使って検算してみましょう。

```
cityname.loc[0: 4, 'total_15_19_age': 'total_25_29_age'].sum(axis=1)
```

このコードを実行すると、結果が次のように表示され、図6-22と同じであることが確認できました。

```
0    10792
1    38136
2      476
3    59319
4    28155
dtype: int64
```

図6-23

図6-22の0〜4行目までのデータを使って、検算した結果

続いて、新たな階級のデータを作成するコードを作成します。まずは、データを取得する年齢の組み合わせをリストに格納して作成します。次にそこから新たな階級を抽出するリストも作ります。両方のリストを使って、まずは必要となる年齢の組み合わせを作成します。

```
01 # 今回作る新たな階級に必要な年齢階級のリスト
02 age_list = [[i, i+4] for i in range(15, 61, 5)]
03 # データ抽出に必須な数値のリスト
04 cls_list = [0, 3, 7, 10]
05
06 # それぞれの階級に必要な年齢階級のリストを分け、リストに格納
07 data_list = list() # データを格納する新たなリストを作成
08 for i in range(len(cls_list) - 1):
09     i1 = cls_list[i]
10     i2 = cls_list[i+1]
11     data_list.append(age_list[i1:i2])
```

2行目でリスト内包表記を使い、計算の対象となるカラムを指定するための年齢1(i)と年齢2(i+4)の組み合わせを作成します。元のデータがそもそも、0〜4、5〜9、10〜14、15〜19……のように、5歳区切りで分類されています。年齢1を指定すれば、年齢2は自動的に年齢1＋4で決まります。そのため、年齢2をi＋4と記述することができます。

ここで作りたいのは、15歳から64歳の範囲を、15〜29、30〜49、50〜64にまとめ直したデータです。リスト内包表記のfor文では、15歳から60歳まで5歳刻みの範囲で処理するようにしています。これにより、15歳から64歳までの範囲の各列をiおよびi＋4で指定することができるようになります。これをage_listに代入しました。

こうした作った5歳刻みの階級のどのようにまとめ直すのかを指定したのが4行目のcls_listです。age_listは単に5歳刻みの年齢1と年齢2の組み合わせのリストです。cls_listでは、まとめ直すときの各範囲の始点を並べたものです。age_listのインデックス0は

```
[15, 19]
```

です。15〜29歳の計算をするとき、最初の階級はこの15〜19歳になります。30〜49歳の計算をするときは元データの30〜34歳の階級が最初のカラムです。これは、data_listではインデックス3に当たります。同様に50〜64歳でまとめるときの最初の階級になる50〜54歳はインデックス7です。計算が不要になる65歳は、インデックス10です。これをリスト化して、計算の

制御に使います。

このプログラムを実行し、計算に必要な階級の組み合わせができているかどうかをチェックします。

図6-24　data_listに格納した年齢1、年齢2の組み合わせ

```
[[[16, 19], [20, 24], [25, 29]],
 [[30, 34], [35, 39], [40, 44], [45, 49]],
 [[50, 54], [55, 59], [60, 64]]]
```

続いて、作成したdata_list、cls_listを使って必要なカラム名を作ってリストに返す関数（make_cols）と、新たなラベル（ここでは階級）を作成する関数（make_new_label）を定義します。そして、data_listをfor文でループさせ、それぞれのデータを辞書に格納します。この辞書ではキーにmake_new_label関数で生成した年齢階級名、バリューにはmake_colsで作成したそれぞれの階級に対応したカラム名のリストを格納します。

```
def make_cols(age_list):
    '''
    新たな階級を作成するのに必要なカラム名を
    リストに格納して返す
    '''
    data_list = list()
    for lst in age_list:
        str_data = f'total_{lst[0]}_{lst[1]}_age'
        data_list.append(str_data)
    return data_list


def make_new_label(age_list):
    '''
    新たな階級の列名を返す
    '''
    # リストをitertoolsのchainを使ってフラットにする
    flat_list = list(itertools.chain(*age_list))
    # リストの最小値、最大値を使った階級名称を作る
```

```
    min_num = min(flat_list)
    max_num = max(flat_list)
    new_label1 = f'total_{min_num}_{max_num}_age'
    return new_label1

# 辞書にデータを格納する
data_dict = dict()

for lst in data_list:
    cols = make_cols(lst)
    new_label = make_new_label(lst)
    data_dict[new_label] = cols
```

このコードを実行して、作成された辞書（data_dict）を確認します（図6-25）。このように、段階的に処理結果を確認することで、作業中のコードにバグがないか確認できるのもColab（やJupyterLab）の利点です。

図6-25　data_dictに格納した辞書の内容を表示し、ラベルとカラム名の組み合わせを確認したところ

```
1 data_dict

{'total_15_29_age': ['total_15_19_age', 'total_20_24_age', 'total_25_29_age'],
 'total_30_49_age': ['total_30_34_age',
  'total_35_39_age',
  'total_40_44_age',
  'total_45_49_age'],
 'total_50_64_age': ['total_50_54_age', 'total_55_59_age', 'total_60_64_age']}
```

この辞書の階級をもとに、citynameから各階級ごとの合計値を算出し、新たなデータとしてcitynameに追加します。

```
for k, v in data_dict.items():
    cityname[k] = cityname[v].sum(axis=1)
```

さらに、それぞれの階級の地域人口に対する割合のデータも追加したあと、ファイルを保存します。

```
for k in data_dict.keys():
    ratio_title = f'ratio_{k}'
    cityname[ratio_title] = cityname[k] / cityname['total_all']
save_path = '/content/drive/MyDrive/od-book/国勢調査/kokusei_osaka_
                                                add_new_class.gpkg'
cityname.to_file(save_path, driver='GPKG')
```

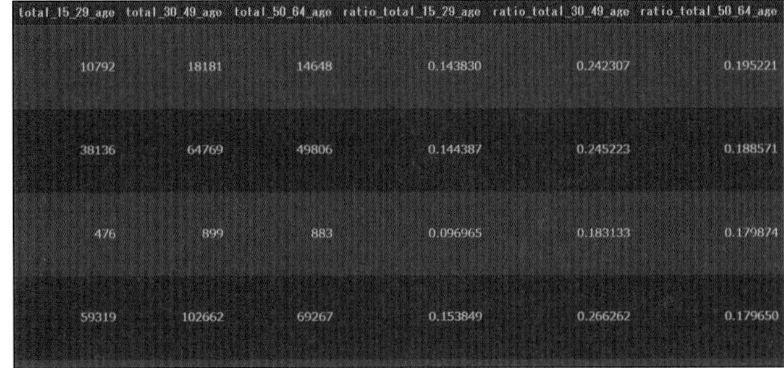

total_15_29_age	total_30_49_age	total_50_64_age	ratio_total_15_29_age	ratio_total_30_49_age	ratio_total_50_64_age
10792	18181	14648	0.143830	0.242307	0.195221
38136	64769	49806	0.144387	0.245223	0.188571
476	899	883	0.096965	0.183133	0.179874
59319	102662	69267	0.153849	0.266262	0.179650

図6-26

新たな階級に基づく人数、割合が追加できた

新しい階級で可視化

新たな階級を加えて、再びデータを観察してみましょう。ここではpanelを使った平行座標プロットを作成します。

```
cols_list = list(cityname.columns)

select_list = list()
# 新たな階級を加える
init_values = {
    1: 'ratio_total_15_age_less',
    2: 'ratio_total_15_29_age',
    3: 'ratio_total_30_49_age',
    4: 'ratio_total_50_64_age',
    5: 'ratio_total_65_age_over',
    6: 'ratio_area'
}

for k, v in init_values.items():
    row = pn.widgets.Select(name=f'selector-{k}', options=cols_list,
                                                              value=v)
    select_list.append(row)

# 引数を*argsに変更
def update_para(*args):
    fig = px.parallel_coordinates(cityname, color=args[-1],
                                  dimensions=args,
                                  color_continuous_scale=px.colors.
                                                    sequential.Bluered
                                  )
    return fig

interactive_para = pn.bind(update_para, *select_list)
```

```
pn.Column(
    pn.Row(*select_list),
    interactive_para)
```

これを実行すると、新しく作った階級をダッシュボードから利用できるようになります。

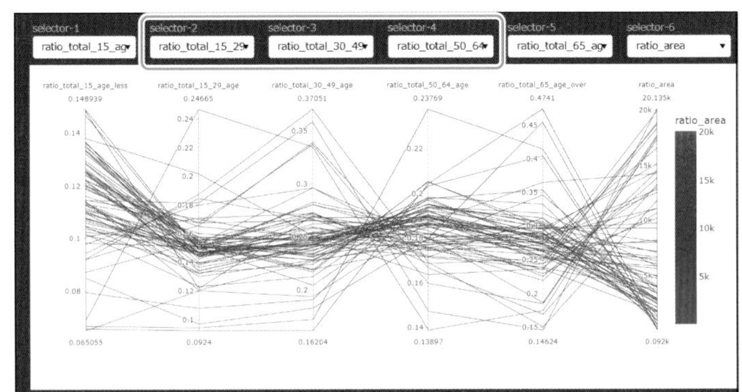

図6-27

15～64歳の区分を3段階に分割した平行座標プロット

図6-17と同じ趣旨の平行座標プロットですが、より詳細な観察ができそうです。

この平行座標プロットを操作しながらデータを観察してみました。その結果、子供の割合が高い地域、すなわちratio_total_15_age_lessで上位にプロットされているものを選択してみると、他の地域では比較的中央に収束していることがわかりました。

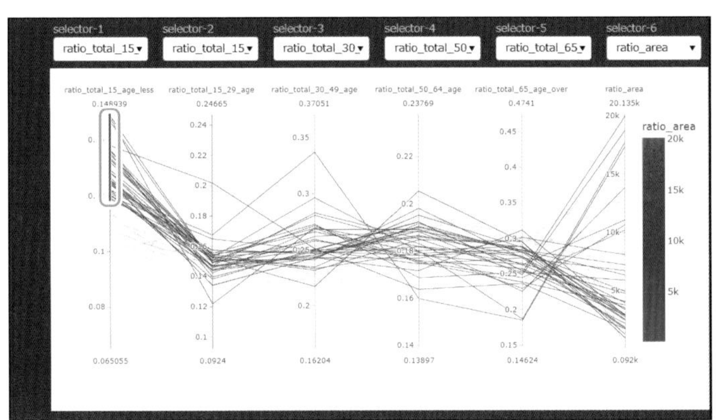

図6-28

15歳未満がたくさんいる地域に絞って表示してみると、他の階級ではばらつきがないことがわかる

本章では、データを詳細に観察するツールでデータを確認しながら、必要なデータがなければ作るという作業を繰り返すことで、データをさまざまに可視化しました。ページの都合上、ツールの作成の解説が多くなり、幅広い角度からデータを考察する話題にほとんど触れられていません。そのあたりは、本書のコードを動かしながら、ぜひ皆さんで試してみてください。

Chapter 7

ハンズオン

戦略立案のためのデータ分析

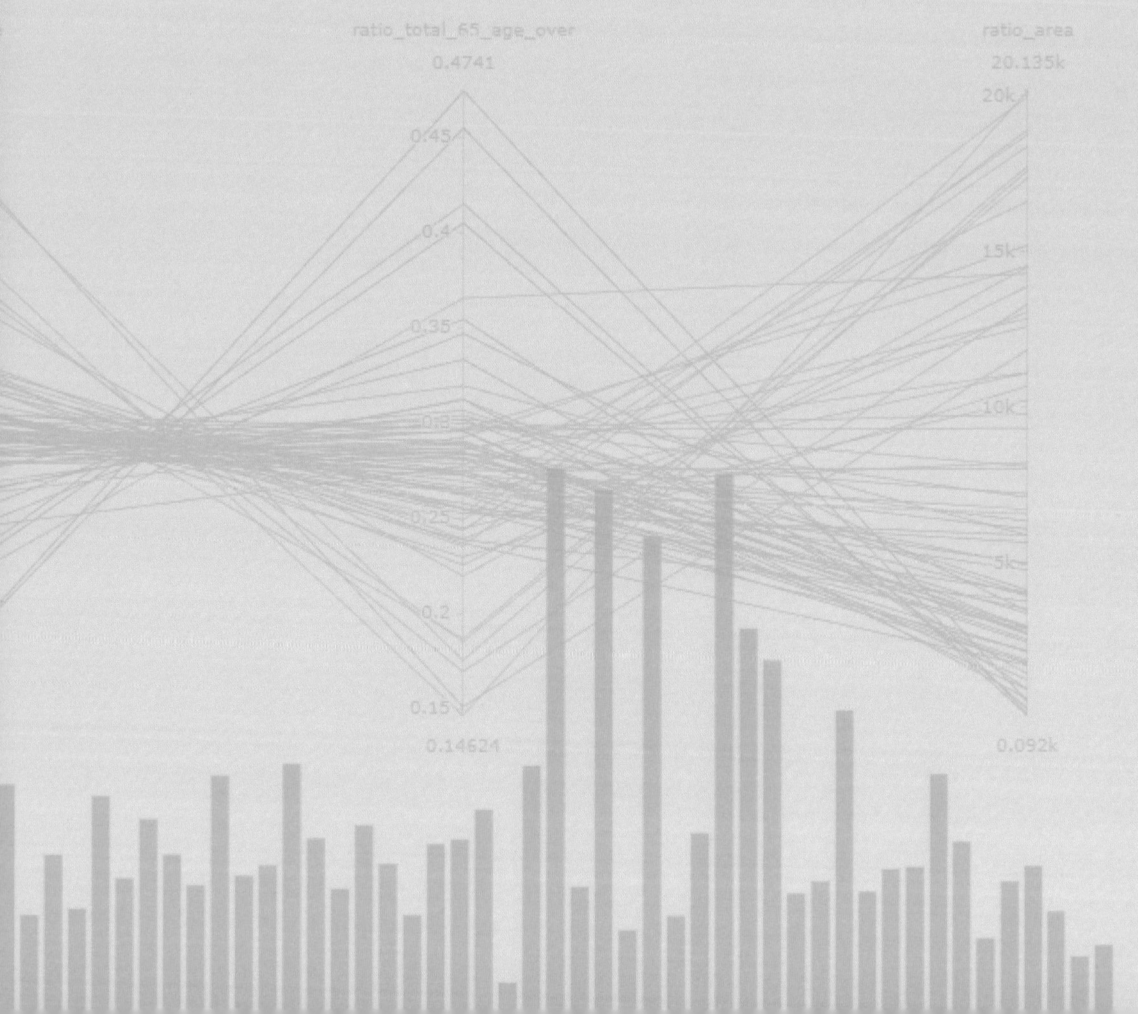

ビジネスにおけるデータ分析で大切なのは、「その会社の意思決定の局面で役立つこと」です。基本的に企業は、企業価値の増大を目指して意思決定を行います。データ分析の初歩でそのような役割を目指すには、シンプルで説明しやすいものが望ましいと筆者は考えます。複雑なモデルを使いたいという思いもあるかもしれませんが、初めのうちはシンプルなくらいで十分です。

複雑な手法でデータ分析をしたい人も、安心してください。分析が本格化してくると、すぐに複雑な現実を表現するために、複雑なアルゴリズムや高度な分析手法にいやでも触れなければならなくなります。

今回の分析では、国勢調査の地域別年齢別人口のデータを使っています。そして課題は「どの地域に自社の製品に合う見込み客がいるか探す」という点に置きました。本章では、地域別年齢別人口を作りながら、戦略を考えられるようなデータを作っていきます。

たとえば、子供向けの商品を扱う企業であれば、子供が少ない地域よりも、子供の多い地域で店舗を展開したり、居住地に応じたデジタル広告を打ったりといった施策が有効です。一方で、ターゲットが多い地域はすでに競争が激しいことも考えられます。単純に潜在的な顧客が多い地域を有望とするのではなく、一見すると数はそれほど多くないが、競合他社がまだ進出していないため市場が十分にあるエリアを重点とする戦略も考えられます。そうした戦略を決める材料となるようなデータを作っていきます。

本章では次の順にデータ分析を進め、自社にとって戦略的なエリアがどこかを探します。

① 地域のデータを使って統計量を作成し、ビジネスに有意な地域を抽出する
② 任意のポイントに対して商圏範囲（ポイントからの距離）を設定し、それと重なる地域および人口を抽出する
③ 複数のポイントの経度緯度に対して商圏範囲を設定、それと重なる地域および人口を抽出する

ライブラリのインストールとインポート

本章の分析にあたって、Colabで新規にノートブックを開いたという前提で分析を進めていきます。このため、最初に必要なライブラリをインストールし、インポートします。

```
!pip install -U kaleido
!pip install mapclassify
```

本章でインストールするkaleidoは、plotlyで作成したグラフの画像をファイルとして保存する

ために使います。

続けて、以降の処理のためにライブラリをインポートします。

```
import geopandas as gpd
import plotly.express as px
import folium
import panel as pn
import pandas as pd
from shapely.geometry import Polygon, Point
import math
from tqdm import tqdm
import shapely
from pathlib import Path
pn.extension('plotly', sizing_mode="stretch_width")
```

地域データの統計量で分析する

最初に、国勢調査の地域区分をベースにデータの統計量を使い、ビジネスに有利な地域を探していきましょう。

統計量を算出する

まずは各データの要約統計量を作成します。各列名の統計量を確認する場合、pandasのdescribeメソッドを使います。describeメソッドを使うと、欠損していないデータ数(count)、平均値(mean)、標準偏差(std)、中央値(50%)、最小値(min)、最大値(max)などが返されます。

```
01  data_path = '/content/drive/MyDrive/od-book/国勢調査/kokusei_osaka_
                                                    add_new_class.gpkg'
02  data = gpd.read_file(data_path)
03  data_desc = data.describe()
```

この段階で実行結果を見ておきましょう。このプログラムには確認用のコードは記述していませんが、次のセルに3行目で設定した変数である

```
data_desc
```

だけ入力すると、その内容を出力できます。

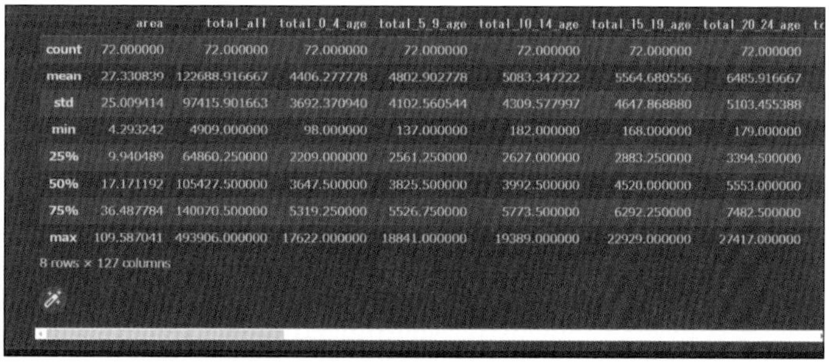

	area	total_all	total_0_4_age	total_5_9_age	total_10_14_age	total_15_19_age	total_20_24_age
count	72.000000	72.000000	72.000000	72.000000	72.000000	72.000000	72.000000
mean	27.330839	122688.916667	4406.277778	4802.902778	5083.347222	5564.680556	6485.916667
std	25.009414	97415.901663	3692.370940	4102.560544	4309.577997	4647.868880	5103.455388
min	4.293242	4909.000000	98.000000	137.000000	182.000000	168.000000	179.000000
25%	9.940489	64860.250000	2209.000000	2561.250000	2627.000000	2883.250000	3394.500000
50%	17.171192	105427.500000	3647.500000	3825.500000	3992.500000	4520.000000	5553.000000
75%	36.487784	140070.500000	5319.250000	5526.750000	5773.500000	6292.250000	7482.500000
max	109.587041	493906.000000	17622.000000	18841.000000	19389.000000	22929.000000	27417.000000

8 rows × 127 columns

図7-1

各列の統計量を求めたところ

条件を満たす地域を抽出

ここでは例として、子供の比率が大きい地域を抽出するため、15歳未満が多い地域を抽出します。子供の多さを判定する指標として、先ほど作成した要約統計量のデータ（data_desc）から、15歳未満の子供の割合が75%の数値を得て、閾値とします。その閾値を超える地域を抽出することで、子供の比率が高い上位25%の地域を抽出できます。便宜上、子供の比率が高い上位25%の地域をここでは上位25%と表記します。

コード7-1　15歳未満の人口比率が高い地域を抽出するプログラム

```
01  child_ratio_upper25 = data_desc.loc['75%', 'ratio_total_15_age_less']
02  print(child_ratio_upper25)
03  child_upper = data.query('ratio_total_15_age_less > @child_ratio_upper25')
04  print(len(child_upper))
```

このコードのポイントは2カ所あります。まず1行目。このコードで、統計量のデータから15歳未満の人口比率順に各地域を並べたときに、全体の75%に位置する値（15歳未満の人口比率）を抽出し、変数child_ratio_upper25に代入します。この値は、2行目で出力されるようになっています。後述の出力結果では0.12566…と出力されています。

3行目では、1行目で抽出した全体の75%の値を使って、上位25%の地域を抽出します。ここでは、列名に対して条件を指定してフィルタリングできるqueryメソッドを使います。条件式内ではプログラム（ノートブック）内の変数が利用できます。その際には変数の前に「@」を付けます。

```
'ratio_total_15_age_less > @child_ratio_upper25'
```

とすることで、「その地域での15歳未満の割合が、全地域の75%を超える=上位25%に入っているなら」と表現できます。

このコードを実行すると、全体の75%に位置する値（15歳未満の人口比率）およびqueryメソッドで抽出できた地域の数がそれぞれ出力されます。

実行結果

```
0.12566079153231474
18
```

queryメソッドはデータ分析に欠かせないメソッドです。これを使うと複数の条件を満たすデータの抽出も可能です。

コード7-1により15歳未満の人口比率が高い地域を抽出できました。しかしながら、それだけでは有望な地域を見つけられたとは言えません。そういう地域はすでに競争が激しくなっている可能性が高いためです。そこで人口密度が高い地域はそれだけ競合も多いと想定し、それを避けることができないか考えてみます。

具体的には、子供の比率の高い地域（全体のトップ25%）の中で、人口密度が25%から75%の範囲にある地域を抽出します。人口密度が高い地域を避けるのはもちろんですが、子供の比率が高くても、そもそも人が少ない地域も除外したためです。

その方針に従って、15歳未満の人口比率が高く、人口密度の上位と下位の25%ずつに入らない地域を抽出するのが次のコードです。

```
01 area_ratio_upper25 = data_desc.loc['75%', 'ratio_area']
02 area_ratio_lower25 = data_desc.loc['25%', 'ratio_area']
03 child_and_area = data.query('ratio_total_15_age_less > @child_ratio_
            upper25 & ratio_area < @area_ratio_upper25 & ratio_area >
                                              @area_ratio_lower25')
04 print(len(child_and_area))
```

3行目のqueryメソッドの引数に着目してください。コードそのものは、コード7-1の条件式と構造は同じです。ただし、ここでは二つの条件式を&でつなぐことにより、両方を満たす地域を抽出できるようにしました。

このコードを実行してみましょう。該当する地域の数が4行目のコードで出力されます。

実行結果

```
10
```

条件を満たす地域をマップ上で可視化

10の地域が条件を満たすことがわかりました。具体的な地域名は変数child_and_areaにGeoDataFrame形式で代入されているので、これらの地域についてexploreメソッドを用いてマップ上で可視化してみます。

```
child_and_area.explore('ratio_area', tooltip=['CITYNAME', 'ratio_
                                    total_15_age_less', 'ratio_area'])
```

該当地域を地図上に表示してみると、大阪市の中心部は該当せず、郊外が該当することが一目でわかります。

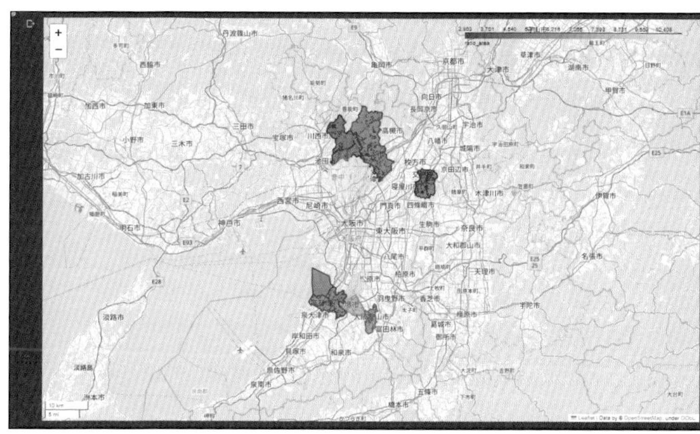

図7-2
15歳未満の比率では上位25%に入り、人口密度が25%~75%の範囲に該当する地域を地図上にプロットしたところ

このように、複数の条件を組み合わせて自社が求める商圏エリアを抽出するような分析が、簡単にできます。

任意のポイントの半径5キロメートル圏の人口を調査する

今度は異なる方法で地域の人口を調べてみましょう。たとえば新規に店舗や拠点を作るという前提で、ある場所を有力と考えました。そこで、その場所を中心とした商圏人口を調査したい――。これもgeopandasを使うことで可能です。たとえば新規出店の候補となる用地や物件が見つかったとき、商圏としてどのくらい可能性があるのかを見極めたいといった場合に、どのような手法でデータを分析するのかを見てみましょう。

場所を扱う場合、経度緯度で位置情報を取得し、データを作成します。

ポイントと位置情報データを作成

今回は対象となる地点を北緯34.694度、東経135.502度としました。ここを中心に半径5キロメートルの円を作り、そこに重なる地域の人口を集計し、商圏の人口を調べます。今回の方法では、重なる地域の全人口を商圏人口として算出します。

まずは、ポイント名と位置情報を持つGeoDataFrameを作りCRSをEPSG:4326に設定します。次にCRSを、距離が扱えるEPSG:6674に変更して5キロメートルの円のデータを作成したあと、再びEPSG:4326に戻します。データができたらexploreメソッドで可視化します。

これをプログラミングしたのが次のコードです。

コード7-2　指定した位置に半径5キロメートルの円を作成するプログラム

```
point = [135.502, 34.694]
osaka_point = Point(point)
df = gpd.GeoDataFrame({'name': ['point']}, geometry=[osaka_point]).
                                                    set_crs('EPSG:4326')
df = df.to_crs('EPSG:6674')
```

```
05  df['geometry'] = df['geometry'].map(lambda x: x.buffer(5000))
06  df = df.to_crs("EPSG:4326")
07  df.explore()
```

5行目に注目してください。bufferメソッドを使ってポイントを中心に5000メートルの円の形を作っています。4行目で、GeoDataFrameのCRS形式をEPSG:6674に変更しました。これは、EPSG:6674はメートルで位置情報を表現するためです。半径5キロメートルの円を作るために、メートルで表現した数値5000を渡せるよう、EPSG:6674にしました。
この5000を異なる数値に変えることで、商圏範囲を任意に設定することができます。ご自分で分析するときには、業種や業態によって適切な数値を当てはめてください。

これを実行して、どのようなマップ表示になるのか見てみましょう。

図7-3
1行目で設定した位置情報(経度、緯度)を中心に、半径5キロメートルの円が表示された

想定した商圏に重なる地域を可視化

次に、元のデータから15歳未満の人口比率が高い地域の位置情報を読み出し、先ほど作成した5キロメートルの商圏と交わる地域をintersectsメソッドにより判定します。

```
01  cols = ['CITYNAME', 'area', 'geometry']
02  cols += [col for col in data.columns if col.startswith('total')]
                        ……必要な列名（totalで始まる各地域の総人口の列）を格納
03  data1 = data[cols].copy()
                        ……各地域のデータから必要な列の値を取り出してdata1に渡す
04  data1['tf'] = data1['geometry'].map(lambda x:
x.intersects(df['geometry'].values[0]))  ……円と交わる地域を抽出
05  data1 = data1.query('tf == True')     ……交わる地域だけに絞り込み
06  print(data1)
```

1行目から3行目で、ここでの処理に必要となるデータを変数dataから取り出します。1行目および2行目では、利用するカラムを絞り込んでいます。2行目は、人数を示すカラムの中から各地域の人数を示すカラムだけを取り出すため、totalで始まる列名だけを抽出しました。回の分析では人数だけを抽出するので、割合のデータは不要なためです。この列名は、変数colsに代入します。

3行目で、元データであるdataから選択したカラムのデータを取り出し、変数data1に代入します。

4行目で想定している商圏と交わっているところがある地域かどうかを、intersectsメソッドを使って判定します。交わっていればintersectsの戻り値としてTrueが返されます。

4行目の冒頭を

実行結果

```
data1['tf']
```

としています。これは新たにtf列を加えて、そこにintersectsメソッドの返り値を渡します。列名のtfはTrue or Falseの略で名前を付けています。

4行目のintersectsの結果をもとに、5行目でdata1に格納したデータを商圏に重なる地域だけに絞り込みます。最後にdata1を出力して、商圏となる地域の情報を確認します。

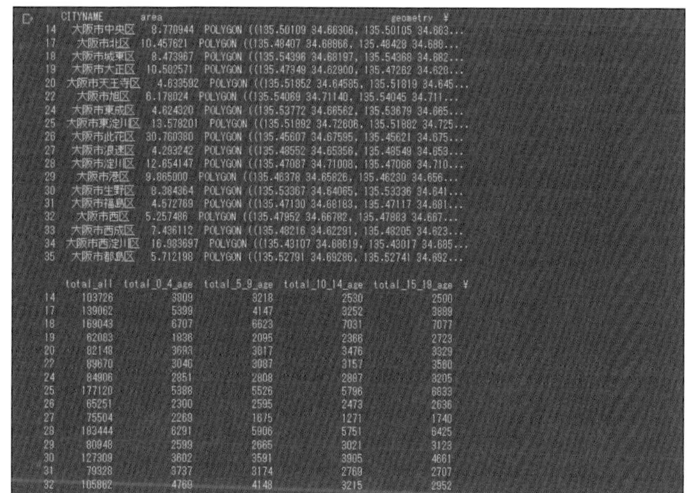

	CITYNAME	area	geometry
14	大阪市中央区	8.770944	POLYGON ((135.50109 34.66306, 135.50105 34.663...
17	大阪市北区	10.457621	POLYGON ((135.48407 34.68866, 135.48428 34.688...
18	大阪市城東区	8.473967	POLYGON ((135.54396 34.68197, 135.54368 34.682...
19	大阪市大正区	10.582571	POLYGON ((135.47349 34.62900, 135.47262 34.628...
20	大阪市天王寺区	4.633592	POLYGON ((135.51852 34.64585, 135.51819 34.645...
22	大阪市旭区	6.178024	POLYGON ((135.54069 34.71140, 135.54045 34.711...
24	大阪市東成区	4.624320	POLYGON ((135.53772 34.66562, 135.53679 34.665...
25	大阪市東淀川区	13.578201	POLYGON ((135.51892 34.72606, 135.51882 34.725...
26	大阪市此花区	30.760380	POLYGON ((135.45607 34.67595, 135.45621 34.675...
27	大阪市浪速区	4.293242	POLYGON ((135.48552 34.65356, 135.48549 34.653...
28	大阪市淀川区	12.654147	POLYGON ((135.47087 34.71008, 135.47066 34.710...
29	大阪市港区	9.865000	POLYGON ((135.46378 34.65826, 135.46230 34.656...
30	大阪市生野区	8.384364	POLYGON ((135.53367 34.64065, 135.53336 34.641...
31	大阪市福島区	4.572769	POLYGON ((135.47130 34.68183, 135.47117 34.681...
32	大阪市西区	5.257486	POLYGON ((135.47952 34.66782, 135.47883 34.667...
33	大阪市西成区	7.436112	POLYGON ((135.48216 34.62291, 135.48205 34.623...
34	大阪市西淀川区	16.983697	POLYGON ((135.43107 34.68619, 135.43017 34.685...
35	大阪市都島区	5.712198	POLYGON ((135.52791 34.69286, 135.52741 34.692...

	total_all	total_0_4_age	total_5_9_age	total_10_14_age	total_15_19_age
14	103726	3809	3218	2530	2500
17	139062	5399	4147	3252	3889
18	169043	6707	6623	7031	7077
19	62083	1836	2095	2366	2723
20	82148	3693	3817	3476	3329
22	89670	3046	3087	3157	3580
24	84906	2851	2808	2887	3205
25	177120	5388	5526	5796	6833
26	65251	2300	2595	2473	2636
27	75504	2269	1675	1271	1740
28	183444	6291	5906	5751	6425
29	80948	2599	2665	3021	3123
30	127309	3602	3591	3905	4661
31	79328	3737	3174	2769	2707
32	105862	4769	4148	3215	2952

図7-4

設定した商圏と交わる地域をリストアップできた

商圏と重なる地域を地図上で表示

次に、半径5キロの円と交わる地域の情報がうまく取り出せたか確認するために、foliumを使ってマップ上で可視化してみましょう。foliumを使うのは、2種類のデータを同じ地図に載せるためです。

```
01  m = folium.Map([point[1], point[0]], zoom_start=12)
02  folium.GeoJson(data1).add_to(m)
03  folium.GeoJson(df, style_function=lambda feature: {'color': 'red'}).
                                                            add_to(m)
04  m
```

1行目で、foliumのMapオブジェクトを作成し、変数mに代入します。引数にはまず位置情報として緯度と経度を順に渡します。変数pointには、経度、緯度の順で値をすでに代入してあるので、インデックス番号は緯度を示す1を最初に引数にして渡し、次の引数として経度を示す2を渡しています。これが地図の中心ポイントになります。3番目の引数に記述したzoom_startで最初に表示される地図の倍率を設定します。この値を大きくするほど、拡大して表示されます。

GeoJSON形式のファイルを地図に追加するfoliumのGeoJsonオブジェクトを作成し、add_toメソッドを使ってmにデータを追加します。円に交わる地域のデータ（data1）を可視化しています。

円の部分のデータ（df）を可視化します。style_functionには無名関数で色を赤にするよう設定します。色の指示は辞書のキーにcolor（変更したい要素）、値にred（変更したい色）を渡します。

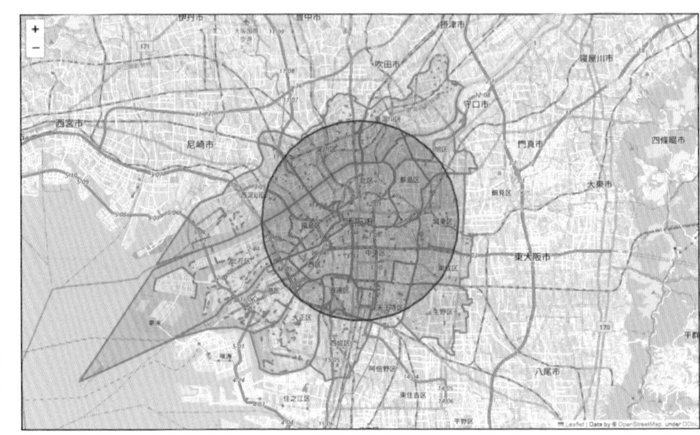

図7-5

対象地点からの半径5キロメートル圏に重なる地域を可視化したところ

これで、指定した地点を中心とした商圏に重なりのある地域を抽出できました。最後に該当する地域の数値を合計し、商圏人口を算出します。

```
01  area_sum = data1.sum(numeric_only=True).astype(int)
02  print(area_sum)
```

商圏人口の算出にはsumメソッドを使います（1行目）。引数numeric_onlyにTrueを渡し、data1に格納されている数値のデータだけを選んで合計します。これを省略すると、地域名の文字列のデータも対象に計算して表示されてしまいます。さらに集計した結果に対してastypeメソッドで整数を設定して、小数点以下を表示しないようにしました。

```
area                173
total_all       1935283
total_0_4_age     67391
total_5_9_age     64985
total_10_14_age   63495
total_15_19_age   68647
total_20_24_age  110686
total_25_29_age  140471
total_30_34_age  134561
total_35_39_age  131768
total_40_44_age  133838
total_45_49_age  151155
total_50_54_age  131684
total_55_59_age  112570
total_60_64_age   93768
total_65_69_age  100620
total_70_74_age  117907
total_15_age_less 195871
total_15_64_age 1209148
total_65_age_over 455335
total_75_age_over 236808
total_15_29_age  319804
total_30_49_age  551322
total_50_64_age  338022
tf                   18
dtype: int64
```

図7-6

該当する地域を対象に、各階級の人口を合計することで、商圏人口がわかる

5キロおきに半径5キロの商圏人口を設けて調査

geopandasを使うことで簡単に特定地域の商圏人口の概要がつかめました。

これができるとなると、商圏人口が最も多いのはどの地域かを調べたくなってきます。

本書のハンズオンでは最後の分析として、大阪府全体に5キロメートルごとにポイントを置き、各ポイントで半径5キロメートルの商圏の人口を算出し、各エリアの有力度を調査してみます。作業の流れは次のようになります。

① 大阪全体をカバーする長方形を作り、そこに5キロメートルごとにポイントを置く
② ポイントが大阪府のポリゴンに載っているか調べて、載っているものだけ採用し、半径5キロメートルの円の中心としての位置情報とする
③ それぞれに商圏に含まれる人口を集計し、条件にあう場所を抽出する

この分析の目的を設定します。ここからは、人口のボリュームが多い45歳から49歳への商品を試す地域を見つけることを目的とします。人口ボリュームは平均より高めの50%から70%の地域で、同年代の割合が高い地域を探し、候補地とします。これを、ユーザーの居住地を考慮したネット広告や、駅や商業施設などでのプロモーション活動に役立てようという仮想企画です。

どういうものを作りたいのか、先にゴールを見てください。

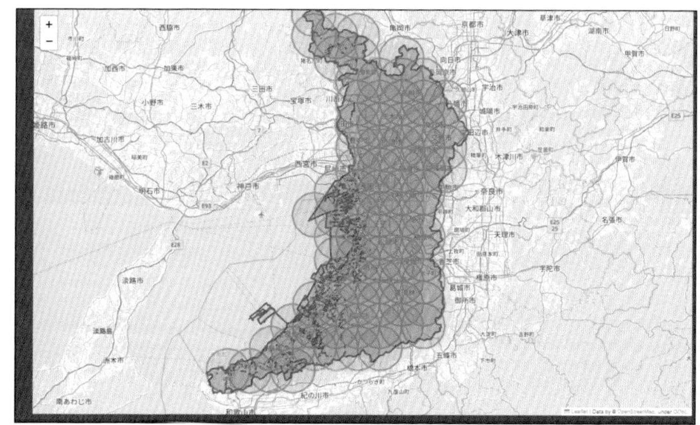

図7-7

最終的に作りたい商圏人口の分布図

大阪府全体に5キロ単位でポイントを設置

まずは、大阪府全体をカバーするような長方形を作り、その座標を取得します。次に、その長方形上に5キロメートルごとのポイントを作成します。大阪府全体のポリゴンを作ったあと、その最小値と最大値を緯度および経度それぞれで求め、その値の中に入る地理空間情報を作成します。この分析では距離を使ってデータを作るので、CRSはEPSG:6674に変更して作業します。これは、コード7-2でCRSをEPSG:6674に変更したのと同じです。

コード7-3　大阪府全体をカバーする長方形の位置情報を作成するプログラム

```
1  data6674 = data.to_crs('EPSG:6674')
2  osaka_poly6674 = data6674.unary_union
3  minx, miny, maxx, maxy = osaka_poly6674.bounds
4  minx, miny, maxx, maxy = math.ceil(minx), math.ceil(miny), math.
                                    floor(maxx), math.floor(maxy)
```

これまでに出て来なかったコードについて見ていきましょう。

まず2行目です。EPSG：6674形式のデータに対して、unary_union属性を使い、geometry列にある複数のデータを一つに結合します。

続く3行目で、shapelyのMultiPolygonのbounds属性から、緯度および経度それぞれの最小値と最大値を取得します。このコードで、最小の経度、緯度（長方形の右下＝南東端）、最大の経度、緯度（長方形の左上＝北西端）の値が順々に取り出せます。

それぞれの値を、4行目で手直しします。最小値は小数点以下を切り上げ、最大値は小数点以下を切り捨てることで、値を整数とします。これは、EPSG:6674では位置情報をメートル単位で表現するため、1メートルを下回る値は不要になるためです。

次のプログラムで、この最小値、最大値で示される領域の中に、5キロメートルごとのポイントを作ります。ポイントを置く位置は、緯度、経度をshapelyのPointクラスに渡して地理空間情報にしたあと、リストgeo_listに格納します。作成した位置情報は処理しやすいように、GeoDataFrameに渡します。

コード7-4　**コード7-3の長方形の中に、5キロメートルごとのポイントを作成するプログラム**

```
01  geo_list = list()
02  for x in range(minx, maxx, 5000):
03      for y in range(miny, maxy, 5000):
04          geo_list.append(Point(x, y))
05
06  point_data = gpd.GeoDataFrame(geometry=geo_list)
07  point_data = point_data.set_crs('EPSG:6674')
```

このコードでは6行目が重要です。5キロメートルごとの地点を示す地理空間情報のリストを4行目までで作成しました。このリストをGeoDataFrameの位置情報として扱うため、geometry属性に渡します。

続く7行目では、このポイント情報のCRSをset_crsメソッドにより、コード7-3で設定したdata6674とCRSをそろえるために、EPSG:6674に変更します。

これで5キロメートルごとのポイントを作成できました。foliumを使って、このポイントを大阪府のポリゴンと重ねてみましょう。

```
osaka_poly = data.unary_union
center = osaka_poly.centroid

m = folium.Map([center.y, center.x])
folium.GeoJson(osaka_poly,
               style_function=lambda feature: {
               'color': 'red'
                }
               ).add_to(m)
folium.GeoJson(point_data).add_to(m)
```

```
11
12  m
```

1行目は、EPSG:4326のGeoDataFrameのunary_union属性を用いて、元データであるdataオブジェクトから位置情報（geometry）を取得し、一つにまとめます。

2行目では、ひとまとめにした位置情報のcentroid属性から大阪府全体の中心点の座標を取得し、変数centerに渡します。

4行目でfoliumのMapオブジェクトを作成し、変数mに渡しました。このとき、中心点の情報を2行目で作成した変数centerから代入します。

次の5～9行目で、1行目で作成した位置情報を使って、大阪府全体を赤く塗りつぶします。

コード7-4で作成した変数point_dataが持つ位置情報を、10行目のGeoJsonクラスを使ってマップ上にプロットして、mに追加していきます。

これを実行して、地図データであるmを表示してみましょう。

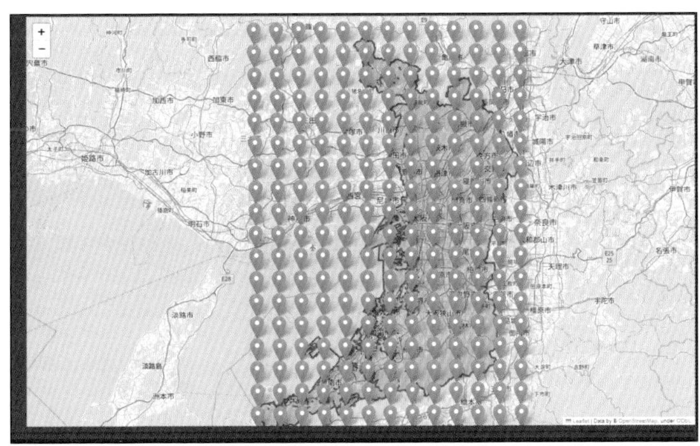

図7-8

大阪府を示す赤いエリア上に、5キロメートルおきのポイントを重ねたところ

このマップを見ると、大阪府周辺にポイントが作れたことが確認できます。

大阪府内のポイントに限定する

ただ、図7-8を見てわかる通り、今の段階では大阪府内にないポイントもかなり含まれます。今回は大阪府内のポイントに限定したいので、次のステップとして大阪府のポリゴンに載っているポイントのみを抽出し、次に各ポイントを5キロメートルの円に変換します。

データ作成の手順は

① 大阪府のポリゴン内にあるポイントだけを抽出
② 抽出したポイントを中心に半径５キロメートルの円を作成

となります。

まずは、作成したポイントが大阪府の内側かどうかを調べましょう。

次のコードでは、Pointが大阪府のMultiPolygon内に存在するかを判定します。それには、shapelyのobjectのintersectsメソッドを使いました。Pointが大阪府内なら、intersects列にTrueを返します。

```
point_data['intersects'] = point_data['geometry'].map(lambda x:
                                        x.intersects(osaka_poly6674))
point_data.head(20)
```

これを実行し、point_dataに記録されたintersects列がどうなっているかを確認します。

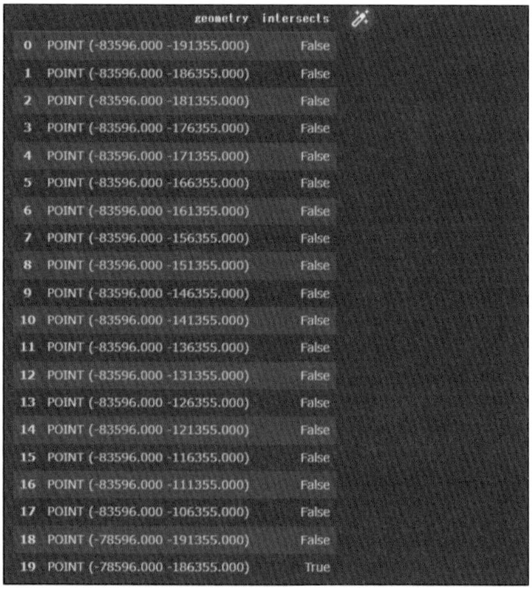

	geometry	intersects
0	POINT (-83596.000 -191355.000)	False
1	POINT (-83596.000 -186355.000)	False
2	POINT (-83596.000 -181355.000)	False
3	POINT (-83596.000 -176355.000)	False
4	POINT (-83596.000 -171355.000)	False
5	POINT (-83596.000 -166355.000)	False
6	POINT (-83596.000 -161355.000)	False
7	POINT (-83596.000 -156355.000)	False
8	POINT (-83596.000 -151355.000)	False
9	POINT (-83596.000 -146355.000)	False
10	POINT (-83596.000 -141355.000)	False
11	POINT (-83596.000 -136355.000)	False
12	POINT (-83596.000 -131355.000)	False
13	POINT (-83596.000 -126355.000)	False
14	POINT (-83596.000 -121355.000)	False
15	POINT (-83596.000 -116355.000)	False
16	POINT (-83596.000 -111355.000)	False
17	POINT (-83596.000 -106355.000)	False
18	POINT (-78596.000 -191355.000)	False
19	POINT (-78596.000 -186355.000)	True

図7-9

point_dataのintersects列で大阪府内に存在するかどうかをTrueもしくはFalseで確認できるようになった

次に、point_dataのポイント一覧を、大阪府のポリゴンに載っているポイントのみに絞り込み、各ポイントの位置情報を５キロメートルの円の位置情報に置き換えます。

```
01 point_data = point_data.query('intersects == True').reset_
                                                    index(drop=True)
02 point_data['geometry'] = point_data['geometry'].map(lambda x:
                                                     x.buffer(5000))
03 point_data = point_data.to_crs('EPSG:4326')
04 point_data['name'] = point_data.index.map(lambda x: f'point_{x:02}')
```

1行目で、intersects列がTrueのポイントのみに絞り込みました。次の2行目でbufferメソッドを使い、point_dataの各ポイントの位置情報を5キロメートルの距離のある点を作成します。

この段階で、距離を用いた処理は完了しました。そこで、point_dataのCRSをEPSG:4326に戻します（3行目）。ちなみに、4行目はpoint_01、point_02……という書式で、各ポイントに名前を付けています。

これで、位置と商圏を表示するデータが作成できました。foliumを使って、地図上で確認します。

```
center = point_data.unary_union.centroid

m = folium.Map([center.y, center.x])
folium.GeoJson(point_data).add_to(m)
folium.GeoJson(osaka_poly,
               style_function=lambda feature: {
               'color': 'red'  # 線色を赤色に指定
                }
               ).add_to(m)
m
```

出力された地図は図7-7で示したマップになります。もう一度ここで見ておきます。イメージ通りのものができたといっていいでしょう。

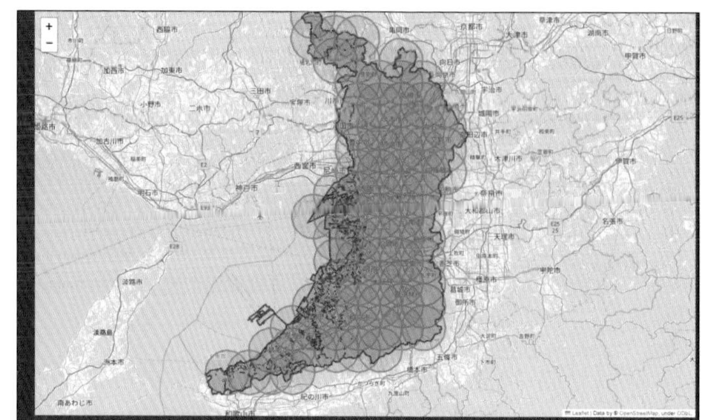

図7-10

大阪府内の全域に半径5キロメートルの商圏を5キロメートルごとに作成したところ

それぞれの円に対応する地域のデータを収集

続いて、それぞれの円を商圏とみなし、各商圏の人口データを作ります。その際、総人口と年齢階級別の比率は集計することにしますが、性別は考慮しないことにします。

商圏を決めるには、各地域のポリゴンデータに円が重なっているかを判定し、重なっている地域は商圏に含むこととします。この考え方は、図7-6の集計データを作成するために、任意のポイントで商圏人口を算出したときと同じです。

データを作成するには、次のようなステップで処理を進めます。

① 円と重なる地域のデータを辞書に格納する。辞書のキーはポイント名、バリューは重なる地域のデータとする

② 各ポイント名それぞれの人口の集計データおよび年齢階層別割合データを一覧できるデータを作成する。

最初に、円と重なる地域のデータを辞書に格納するコードを見てみましょう。

```
def calc_shoken(geo_polygon: Polygon, data: gpd.GeoDataFrame) ->
                                                    gpd.GeoDataFrame:
    '''
    geo_polygonに重なる地域のデータを抽出して返す
    '''
    cols = ['CITYNAME', 'area', 'geometry']
```

```
06      cols += [col for col in data.columns if col.startswith('total')]
07      data1 = data[cols].copy() # 必要列を抽出したデータを作成
08      data1['tf'] = data1['geometry'].map(lambda x: geo_polygon.
                                                         intersects(x))
09      data1 = data1.query('tf == True')
10      return data1
11
12
13  point_dict = dict()
14  for i in point_data.index:
15      name = point_data.loc[i, 'name']
16      geo = point_data.loc[i, 'geometry'] #⑨
17      t_data = calc_shoken(geo, data) #⑩
18      point_dict[name] = t_data #⑪
```

ちょっと長めのプログラムになったので、重要な部分について説明していきます。

始めに、与えられた円のデータから、その円と重なる地域のデータを返す関数calc_shokenを定義します（1〜11行目）。ここで、引数geo_polygonには円のPolygon、引数dataには全地域のデータを持つGeoDataFrameを渡すようにしました。関数の戻り値はgeo_polygonつまり円と重なる地域のデータになります。

関数の処理では、6行目を見てください。このあとでの集計に必要なのは、性別を区別しない数値データだけです。そこで集計用に必要な列を抽出するのに、列名がtotalで始まるという条件を設定し、該当する列名を変数colsに代入していきます。

こうして作成した必要列のデータだけを抽出し、変数data1に代入します（7行目）。

続けて円の地域と交わるかを判定する処理を記述します（8行目）。intersectsメソッドを使ってdata1の各地域と円が重なるかを判定し、その結果をdata1のtf列に書き込んでいきます。

9行目では、判定結果がそろったところで、queryメソッドを使い、円と交わる地域のデータのみを抽出し、data1を抽出後のデータに書き換えます。このdata1が、関数の戻り値になります。

13行目からが、このプログラムのメイン部分です。まず13行目でそれぞれの円と重なる地域のデータを格納する辞書（この時点では中身は空）を作成し、変数point_dictに代入します。

14行目からの繰り返し処理で、円の名前をキー、その円と交わる地域名を値とする辞書データを作っていきます。

まず、14行目のfor文ではコード7-4で作成したpoint_dataのインデックスを順に取り出し、変数iに代入します。

iに対応するポイント名を変数nameに代入し（15行目）、次にこのポイント名に対応する位置情報を変数geoに代入します（16行目）。17行目でこのname、geoを引数にして冒頭のcalc_shoken関数を呼び出し、円と重なる地域のデータを取得し、変数t_dataに代入します。

これで、ポイント名（name）、そのポイントに重なる地域のデータ（t_data）がそろったので、辞書のキーにポイント名、値に重なる地域のデータを渡すことで、辞書形式の変数point_dictに追記します。

ポイント名に対応する地域のデータを確認する場合は、辞書のキーにポイント名を渡し表示します。次のコードでは、名前がpoint_01のデータを出力するようにしました。

```
print(point_dict['point_01'])
```

このコードを実行すると、point_01に重なるのは岬町と阪南市であることがわかります。

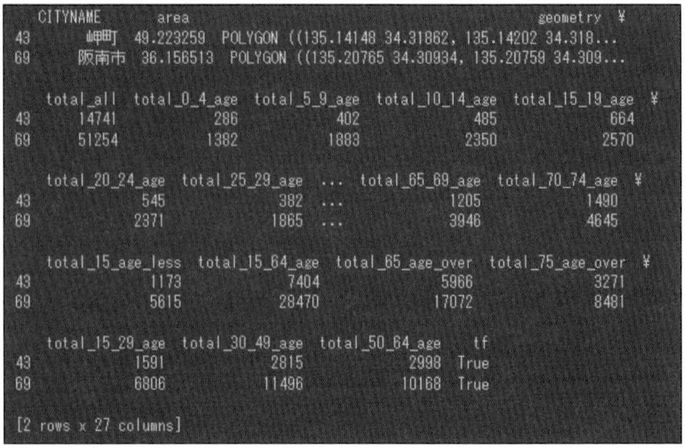

```
   CITYNAME       area                                           geometry  ¥
43      岬町  49.223259  POLYGON ((135.14148 34.31862, 135.14202 34.318...
69     阪南市  36.156513  POLYGON ((135.20765 34.30934, 135.20759 34.309...

   total_all  total_0_4_age  total_5_9_age  total_10_14_age  total_15_19_age  ¥
43     14741            286            402              485              664
69     51254           1382           1883             2350             2570

   total_20_24_age  total_25_29_age  ...  total_65_69_age  total_70_74_age  ¥
43             545              382  ...             1205             1490
69            2371             1865  ...             3946             4645

   total_15_age_less  total_15_64_age  total_65_age_over  total_75_age_over  ¥
43               1173             7404               5966               3271
69               5615            28470              17072               8481

   total_15_29_age  total_30_49_age  total_50_64_age    tf
43            1591             2815             2998  True
69            6806            11496            10168  True

[2 rows x 27 columns]
```

図7-11

point_01という名前で参照したところ、この円に重なるのは岬町と阪南市であることがわかり、それぞれのデータも出力された

ポイントごとに商圏人口を集計

続いて、商圏人口を計算していきましょう。point_dictからポイント名をキーにGeoDataFrameを取得し、sumメソッドで合計値を算出します。このコード自体は、任意のポイントで商圏人口を集計したときとほぼ同じです。

```
point_dict['point_01'].sum(numeric_only=True)
```

point_dictには各ポイントに重なる地域名やそのポリゴンデータなども格納されていますが、必要なのは人口の数値のみ。そこで合計するsumメソッドの引数numeric_onlyにTrueを渡しています。

このコードを実行すると、集計後のデータが表示されます。

```
area                    85.379772
total_all            65995.000000
total_0_4_age         1668.000000
total_5_9_age         2285.000000
total_10_14_age       2835.000000
total_15_19_age       3234.000000
total_20_24_age       2916.000000
total_25_29_age       2247.000000
total_30_34_age       2411.000000
total_35_39_age       2949.000000
total_40_44_age       3875.000000
total_45_49_age       5076.000000
total_50_54_age       4666.000000
total_55_59_age       4293.000000
total_60_64_age       4207.000000
total_65_69_age       5151.000000
total_70_74_age       6135.000000
total_15_age_less     6788.000000
total_15_64_age      35874.000000
total_65_age_over    23038.000000
total_75_age_over    11752.000000
total_15_29_age       8397.000000
total_30_49_age      14311.000000
total_50_64_age      13166.000000
tf                       2.000000
dtype: float64
```

図7-12

point_01の商圏人口を集計した結果

このsumメソッドを使って、ポイント名ごとに交わる地域の年齢別人口の合計値のデータを作成し、各ポイントの商圏人口のデータをすべて作成しましょう。

コード7-5 **各ポイントの各列の値を合計して商圏人口を算出するプログラム**

```
point_sum = list()
for k, v in point_dict.items():
    cols = [col for col in v.columns if col.startswith('total')]
    d1 = v[cols].sum()
    d1.name = k
    point_sum.append(d1)
```

```
08 point_sum_df = pd.concat(point_sum, axis=1)
09 point_sum_df
```

このコードについて解説します。

1行目で、各円の人口の合計値を格納するリスト（この時点では空のリスト）を変数point_sumに代入します。

2行目からの繰り返し処理で、ポイントごとの商圏人数を集計します（2～6行目）。2行目のfor文でpoint_dictからキーと値を順に取り出し、それぞれ変数kとvに代入します。辞書オブジェクトに対してitemsメソッドを使うと、キーと値を同時に取り出せます。

ループ内ではまず、人口のデータのみを合計するために、totalから始まる列名を抽出し、変数colsに渡します（3行目）。

バリューはテーブル形式のデータになっています。そこで4行目では、変数colsに代入されている列名でデータを抽出し、sumメソッドを使って人口を合計します。集計データはSeriesで返されるので、これを変数d1に代入します。

続く5行目で、d1のname属性にポイント名を渡します。

繰り返し処理の最後に、1行目で作成したpoint_sumにd1にまとめられたポイントごとの商圏人口データを追加します（6行目）。これを、point_dictに格納されたすべてのデータについて繰り返します。

すべてのポイント名に関して作業が終わると、concat関数を使って変数point_sumに格納されたSeriesを結合します（8行目）。

9行目でデータも表示します。このコードを実行すると、次の図のように、それぞれのポイントの商圏人口が格納されていることが確認できます。

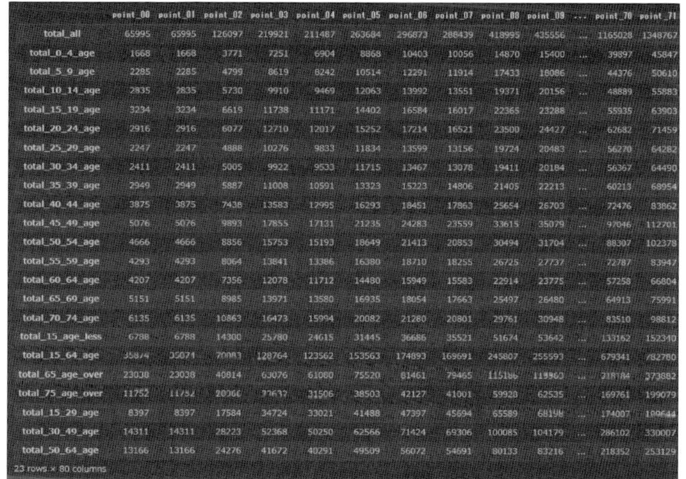

	point_00	point_01	point_02	point_03	point_04	point_05	point_06	point_07	point_08	point_09	...	point_70	point_71
total_all	65995	65995	126097	219921	211487	263684	296873	288439	418995	435556	...	1165028	1348767
total_0_4_age	1668	1668	3771	7251	6904	8868	10403	10056	14870	15400	...	39897	45847
total_5_9_age	2285	2285	4799	8619	8242	10514	12291	11914	17433	18086	...	44376	50610
total_10_14_age	2835	2835	5730	9910	9469	12063	13992	13551	19371	20156	...	48889	55883
total_15_19_age	3234	3234	6619	11738	11171	14402	16584	16017	22365	23288	...	55935	63903
total_20_24_age	2916	2916	6077	12710	12017	15252	17214	16521	23500	24427	...	62682	71459
total_25_29_age	2247	2247	4888	10276	9833	11834	13599	13156	19724	20483	...	56270	64282
total_30_34_age	2411	2411	5005	9922	9533	11715	13467	13078	19411	20184	...	56367	64490
total_35_39_age	2949	2949	5887	11008	10591	13323	15223	14806	21405	22213	...	60213	68954
total_40_44_age	3875	3875	7438	13583	12995	16293	18451	17863	25654	26703	...	72476	83862
total_45_49_age	5076	5076	9893	17855	17131	21235	24283	23559	33615	35079	...	97046	112701
total_50_54_age	4666	4666	8856	15753	15193	18649	21413	20853	30494	31704	...	88307	102378
total_55_59_age	4293	4293	8064	13841	13386	16380	18710	18255	26725	27737	...	72787	83947
total_60_64_age	4207	4207	7356	12078	11712	14480	15949	15583	22914	23775	...	57258	66804
total_65_69_age	5151	5151	8985	13971	13580	16935	18054	17663	25497	26480	...	64913	75991
total_70_74_age	6135	6135	10863	16473	15994	20082	21280	20801	29761	30948	...	83510	98812
total_15_age_less	6788	6788	14300	25780	24615	31445	36686	35521	51674	53642	...	133162	152340
total_15_64_age	35874	35874	70083	128764	123562	153563	174893	169691	245807	255593	...	679341	782780
total_65_age_over	23038	23038	40814	63076	61080	75520	81461	79465	115186	119960	...	318184	373882
total_75_age_over	11752	11752	20066	33637	31506	38503	42127	41001	59928	62535	...	169761	199079
total_15_29_age	8397	8397	17584	34724	33021	41488	47397	45694	65589	68198	...	174007	199644
total_30_49_age	14311	14311	28223	52368	50250	62566	71424	69306	100085	104179	...	286102	330007
total_50_64_age	13166	13166	24276	41672	40291	49509	56072	54691	80133	83216	...	218352	253129

23 rows × 80 columns

図7-13

各ポイントの商圏人口がテーブルにまとめられている

年齢階級別の割合データも集計

年齢層別の割合も観察するために、各ポイントごとに総数に占める割合のデータも作成しましょう。割合のデータができたら、総数のデータと結合します。そのため、割合のデータのインデックス名は、総数のインデックス名の前にratioを付けることにしました。

```
01  point_ratio_df = point_sum_df / point_sum_df.loc['total_all']
02  point_ratio_df.index = [f'ratio_{col}' for col in point_ratio_
                                                            df.index]
03  point_ratio_df
```

このコードでは、1行目で年齢階級ごとの割合を算出します。それには、コード75で作成したpoint_sum_dfの値を使い、各年齢階級の人口を、そのポイントの総人口で割っています。point_sum_dfはDataFrameなので、1行目の記述ですべての年齢階級について計算ができます。

2行目で、集計結果のインデックス名の先頭にratioを付加し、indexに代入します。

これを実行してみます。

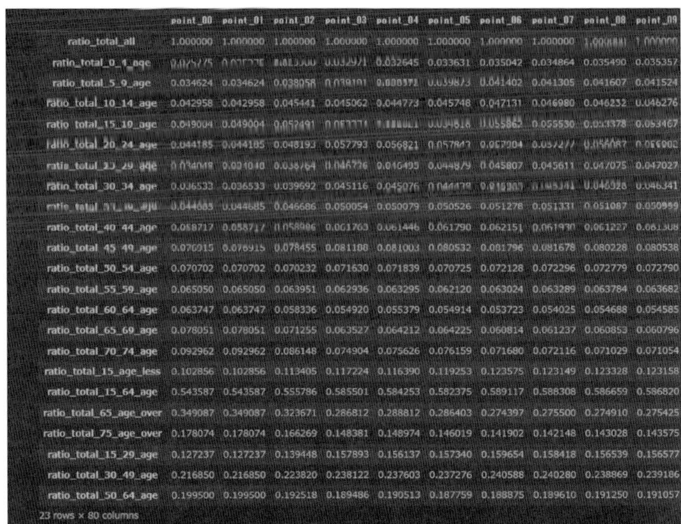

	point_00	point_01	point_02	point_03	point_04	point_05	point_06	point_07	point_08	point_09
ratio_total_all	1.000000	1.000000	1.000000	1.000000	1.000000	1.000000	1.000000	1.000000	1.000000	1.000000
ratio_total_0_4_age	[illegible]	[illegible]	[illegible]	0.032971	0.032645	0.033631	0.035042	0.034864	0.035490	0.035357
ratio_total_5_9_age	0.034624	0.034624	0.038058	[illegible]	[illegible]	0.039873	0.041402	0.041305	0.041607	0.041524
ratio_total_10_14_age	0.042958	0.042958	0.045441	0.045062	0.044773	0.045748	0.047131	0.046980	0.046232	0.046276
ratio_total_15_19_age	0.049004	0.049004	0.052491	[illegible]	[illegible]	0.054818	0.055862	0.055530	[illegible]	0.053467
ratio_total_20_24_age	0.044185	0.044185	0.048193	0.057793	0.056821	0.057842	0.057004	0.057277	0.056087	[illegible]
ratio_total_25_29_age	[illegible]	0.034040	0.038764	0.046736	0.046495	0.044879	0.045807	0.045611	0.047075	0.047027
ratio_total_30_34_age	0.036533	0.036533	0.039692	0.045116	0.045076	[illegible]	[illegible]	[illegible]	0.046328	0.046341
ratio_total_35_39_age	0.044685	0.044685	0.046686	0.050054	0.050079	0.050526	0.051278	0.051331	0.051087	0.050999
ratio_total_40_44_age	0.058717	0.058717	0.058986	0.061763	0.061446	0.061790	0.062151	0.061930	0.061227	0.061308
ratio_total_45_49_age	0.076915	0.076915	0.078455	0.081180	0.081003	0.080532	0.081796	0.081678	0.080228	0.080538
ratio_total_50_54_age	0.070702	0.070702	0.070232	0.071630	0.071839	0.070725	0.072128	0.072296	0.072779	0.072790
ratio_total_55_59_age	0.065050	0.065050	0.063951	0.062936	0.063295	0.062120	0.063024	0.063289	0.063784	0.063682
ratio_total_60_64_age	0.063747	0.063747	0.058336	0.054920	0.055379	0.054914	0.053723	0.054025	0.054688	0.054585
ratio_total_65_69_age	0.078051	0.078051	0.071255	0.063527	0.064212	0.064225	0.060814	0.061237	0.060853	0.060796
ratio_total_70_74_age	0.092962	0.092962	0.086148	0.074904	0.075626	0.076159	0.071680	0.072116	0.071029	0.071054
ratio_total_15_age_less	0.102856	0.102856	0.113405	0.117224	0.116390	0.119253	0.123575	0.123149	0.123328	0.123158
ratio_total_15_64_age	0.543587	0.543587	0.555786	0.585501	0.584253	0.582375	0.589117	0.588308	0.586659	0.586820
ratio_total_65_age_over	0.349087	0.349087	0.323671	0.286812	0.288812	0.286403	0.274397	0.275500	0.274910	0.275425
ratio_total_75_age_over	0.178074	0.178074	0.166269	0.148381	0.148974	0.146019	0.141902	0.142148	0.143028	0.143575
ratio_total_15_29_age	0.127237	0.127237	0.139448	0.157893	0.156137	0.157340	0.159654	0.158418	0.156539	0.156577
ratio_total_30_49_age	0.216850	0.216850	0.223820	0.238122	0.237603	0.237276	0.240588	0.240280	0.238869	0.239186
ratio_total_50_64_age	0.199500	0.199500	0.192518	0.189486	0.190513	0.187759	0.188875	0.189610	0.191250	0.191057

23 rows × 80 columns

図7-14

対象のポイントごとに、年齢階級別の割合を算出できた

人口と割合のデータを統合

ここまでの集計結果を分析に使うため、各ポイントごとの数値、割合のデータを結合します。以降の分析用にポイント名をインデックスに持ちたいので、.TをつけてDataFrameを転置します。

```
conc_points = pd.concat([point_sum_df, point_ratio_df]).T
conc_points
```

このコードを実行して、結合と転置がうまくいっていることを確認します。

	total_all	total_0_4_age	total_5_9_age	total_10_14_age	total_15_19_age	total_20_24_age	total_25_29_age	total
point_00	65995.0	1668.0	2285.0	2835.0	3234.0	2916.0	2247.0	
point_01	65995.0	1668.0	2285.0	2835.0	3234.0	2916.0	2247.0	
point_02	126097.0	3771.0	4799.0	5730.0	6619.0	6077.0	4888.0	
point_03	219921.0	7251.0	8619.0	9910.0	11738.0	12710.0	10276.0	
point_04	211487.0	6904.0	8242.0	9469.0	11171.0	12017.0	9833.0	
...	...	...	...	...	...	...	...	
point_75	383308.0	14287.0	15869.0	17475.0	17790.0	18085.0	16604.0	
point_76	973216.0	32012.0	36247.0	40336.0	46816.0	52367.0	44915.0	
point_77	755492.0	25192.0	29436.0	32940.0	36318.0	36100.0	29794.0	
point_78	822963.0	28340.0	32716.0	36734.0	39208.0	38751.0	32992.0	
point_79	778857.0	26990.0	31036.0	34712.0	36269.0	36320.0	31339.0	

80 rows × 46 columns

図7-15

結合後のデータを表示したところ。転置に加えて結合もうまくいっていることがわかる

条件に合うポイントをマップ上に表示

いよいよ分析の最終局面です。最後に条件に合うポイントを抽出しましょう。抽出の条件は次の通りです。

① 人口総数は全体の50～70%のエリアから抽出
② その中で45-49歳の割合が高い地域を抽出

これをコーディングしたのが、次のプログラムです。

```
01 conc_desc = conc_points.describe(percentiles=[i/10 for i in range(0, 10)])
02 conc_desc50 = conc_desc.loc['50%', 'total_all']
03 conc_desc70 = conc_desc.loc['70%', 'total_all']
04 conc_points56 = conc_points.query('total_all > @conc_desc50 and total_all < @conc_desc70').copy()
05 conc_points56 = conc_points56.sort_values('ratio_total_45_49_age', ascending=False)
06 head_conc_points56 = conc_points56.head()
07 point_data = point_data.set_index('name')
08 head_conc_points56_with_geo = pd.merge(point_data, head_conc_points56, left_index=True, right_index=True)
09 head_conc_points56_with_geo.explore('total_45_49_age', tooltip=['total_45_49_age', 'ratio_total_45_49_age'])
```

どういう処理をしているのかを見ていきましょう。

1行目では、describeメソッドを用いて統計量を作成しています。引数percentilesに0から0.9までの数値を渡すことで、10パーセンタイル*1ごとの統計量を作成することができます。

2行目で、人口の総数（列名total_all）が全体の50パーセンタイルの値を割り出し、変数conc_desc50に代入します。

同様に、人口の総数（列名total_all）が70パーセンタイルの値を割り出し、変数conc_desc70に渡します（3行目）。

*1　パーセンタイルは、ある値が全体のどの位置にあるかを％で示す指標です。

4行目のqueryメソッドで、「地域人口がconc_desc50より大きいか」および「地域人口がconc_desc70より小さいか」という2種類の条件にマッチするデータを抽出することで、地域人口が大阪府全体の50〜70%にあたる地域に絞り込みます。

絞り込んだ地域のデータをもとにsort_valuesメソッドを使って、45歳から49歳の割合に従って降順にソートします（5行目）。このとき、引数ascendingにFalseを渡すことで、値の大きいほうから順に、つまり降順に並べ替えるよう指定します。このデータに対して、headメソッドにより上位5地域のみのデータを作ります（6行目）。

上位5地域のデータに各ポイントの位置データを結合するため、set_indexメソッドを用いて、name列をインデックスに設定し（7行目）、8行目のmergeメソッドでpoint_dataから位置情報を結合します。

これで、地域人口が50〜70%の範囲にある地域のうち、45歳から49歳の割合で上位5位までの地域の位置情報がわかりました。exploreメソッドを用いて、これをマップ上に可視化します（9行目）。

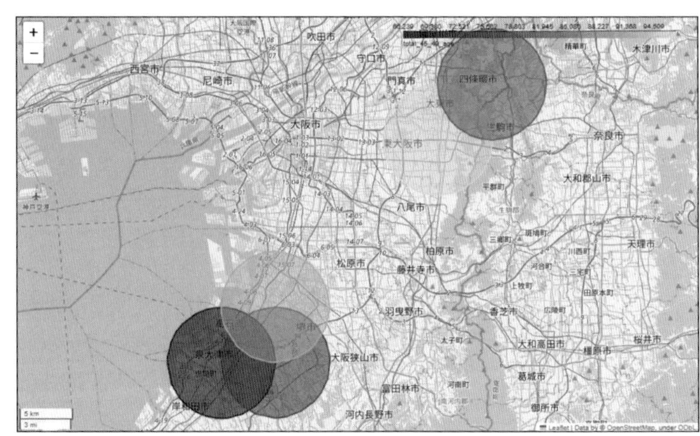

図7-16

地域人口が50〜70%の範囲にある地域のうち、45歳から49歳の割合で上位5位までの地域をマップ上に表示

本章ではここまで見てきたように、特定の年齢層の多い地域や商圏を抽出することで、自社に有意な地域を見つける方法でデータを分析しました。初歩的な分析ではありますが、このような分析を資料にまとめて、新しいビジネス行動を提案し、議論を重ねることで、自社に求められる分析とはどういうものかが見えてくるでしょう。

結果を報告する資料には、これまで作ったようなわかりやすいグラフとともに、各ポイントごとの商圏人口のデータの分布を可視化したグラフもあったほうが、理解が深まると思います。そこで今回は次のようなグラフを作成し、グラフの画像も保存しましょう。

グラフはfig1〜fig4までの4種類を考えています。fig1は、ポイントごとの商圏人口総数をもとにしたヒストグラムです。

fig2はそのうち50〜70%に当たるポイントだけに絞り込んだヒストグラムです。

fig3は、ポイントごとの45〜49歳の割合を要素とするヒストグラムです。これは、大阪府全体で作成します。それに対してfig4は、fig2で対象とした地域（地域人口が全体の50〜70%に当たる地域）に絞り込だ、45〜49歳の割合のヒストグラムです。

```
01  fig = px.histogram(conc_points['total_all'], title='地域人口',
                                                        marginal='box')
02  fig2 = px.histogram(conc_points56['total_all'], title='50%-70%:
                                                 地域人口', marginal='box')
03  fig3 = px.histogram(conc_points['ratio_total_45_49_age'], title=
                                                 '全体: 45-49 ヒストグラム')
04  fig4 = px.histogram(conc_points56['ratio_total_45_49_age'],
                                           title='50%-70%: 45-49 ヒストグラム')
05
06  save_dir = Path('/content/drive/MyDrive/od-book/charts')
07  if not save_dir.exists():
08      save_dir.mkdir()
09
10  for num, f in enumerate([fig, fig2, fig3, fig4]):
11      save_path = save_dir / f'chart_{num}.svg'
12      f.write_image(save_path)
13      f.show()
```

1行目から4行目でそれぞれfig1からfig4のグラフを作成します。ヒストグラムの作成には、plotly.expressのhistgram関数を使います。

6行目でグラフ画像の保存先を指定します。具体的には、前処理したデータの保存先であるod-bookフォルダ内のchartsフォルダをグラフの保存先として、変数save_dirに代入します。

本書の通りに分析を進めてきた環境では、このchartsフォルダはまだ存在しませんが、ここでは参考までに新規のフォルダに保存するコードを紹介します。

このままでは存在しないフォルダが保存先になってしまうので、ファイルを保存するコードだけを書いても、エラーが出て保存できません。そこで7〜8行目のif文で、save_dirが存在しない場合、フォルダを作る処理をします。7行目のPathオブジェクトのexistsメソッドにより、フォルダが存在するか確認します。ここでは前にnotがついているので、フォルダが存在しない場合に8行目の処理を行います。フォルダを作成するのには、mkdirメソッドを使います（8行目）。

10行目以降がファイルを保存するコードです。10行目のfor文では、保存するオブジェクトであるfig1からfig4までをリストで指定し、enumerate関数を使って一つずつ取り出し、保存していきます。

11行目で保存する際のファイル名を作成し、12行目で保存します。13行目でグラフを表示します。これをfig4まで繰り返します。

このコードを実行すると、fig1からfig4までのグラフがsvg形式の画像ファイルで保存されるとともに、表示されます。

図7-17 作成したヒストグラム。それぞれ、全体の地域人口で作成したヒストグラム（左上）。人口が50～70％にあたる地域のみに絞ったヒストグラム（左下）。右側は、45歳から49歳の人口の割合で作成したヒストグラムで、右上が大阪府全体、右下は人口が50～70％の地域に絞ったもの

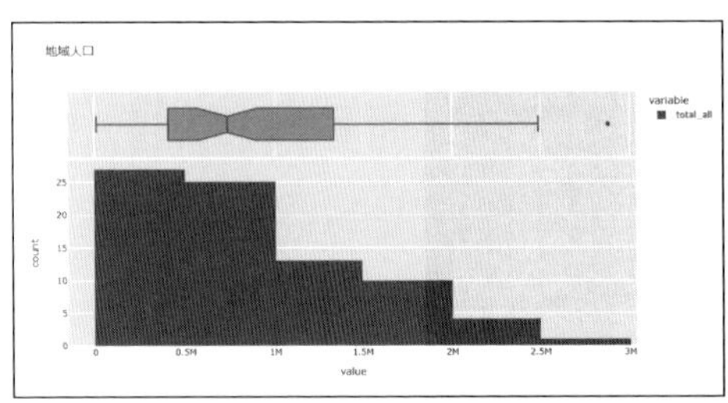

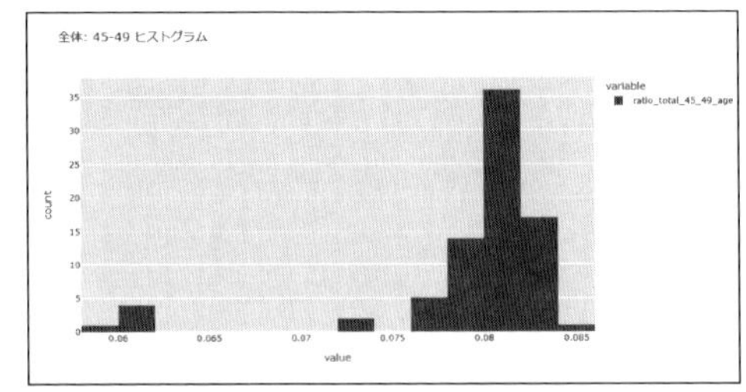

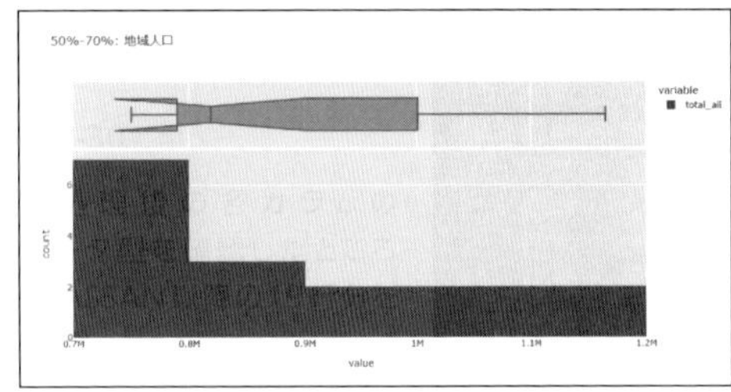

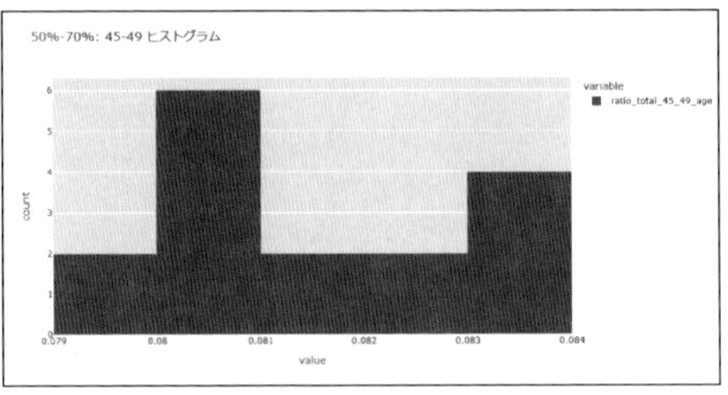

これで、国勢調査をもとにしたデータ分析はひとまず完了とします。皆さん、お疲れさまでした。ここまでの全プロセスをひと通りやり切っていただいたことで、データ分析をどのように進めていくのか、どのように考えながら分析していくのか、どのように分析を見せていくのかについて理解が深まったのではないかと思います。それと同時に、プログラミング学習の初期に学んだ変数やリスト、関数といった文法の基本が、実務に即した実際のプログラムでどのように役立つかも実感できたのではないでしょうか。もちろん、データ分析におけるプログラミングの役割とその実力についても理解していただけたと思います。

ここまでデータ分析を経験した皆さんにぜひお薦めしたいことがあります。それはご自分の

業務で国勢調査の情報を生かせる場面を探し、実際に分析の活用に手を付けてみることです。「こういうことがわからないか」「こういう展開にヒントがないか」——。そうしたアイデアをもとに、データを集め、分析し、そのプロセスと結果を振り返ることで、いい分析ができることもあれば、うまくいかないことも経験することでしょう。そうした分析経験をさらに重ねることで、どうすればうまくいくのかもきっと見えてくることと思います。どうすればうまくいくかを知ることも重要ですが、どうなるとうまくいかないかがわかることも、自分自身の、そして会社の資産になります。そして、実際にデータ分析をビジネスで活用することにより、自社に合った進め方なども見えてきます。

本書のハンズオンでは、主として年齢別人口数のデータしか扱いませんでしたが、国勢調査にはほかにもさまざまなデータがあります。また、国勢調査以外にも他にもたくさんのオープンデータがインターネット上にあります。国ばかりでなく、地方自治体が提供している地域に関するデータもたくさんあります。その中にはきっと皆さんの会社や部署で活用できるデータがあるはずです。自分にとって有用なオープンデータがないか探し、活用する道を見つけられないか、検討してみてください。ビジネスに関するデータ分析は、社外秘のデータがなくても始められます。

実際にデータ分析に取り組むと、よりよい分析をするための具体的なツールもわかってくると思います。新しくリリースされたツールを、いち早く見つけるといった勘所も働いてくるでしょう。そうなればしめたものです。新たな技術をどんどん手に入れて、データ分析でビジネスの成長を目指しましょう。

- 本書で紹介しているプログラムおよび操作は、2023年 7月現在の環境に基づいています。
- 本書で取り上げたソフトウェアやサービス、Webブラウザなどが本書発行後にアップデートされることにより、動作や表示が変更になる場合があります。あらかじめご了承ください。
- 本書に基づき操作した結果、直接的、間接的な被害が生じた場合でも、日経BP並びに著者はいかなる責任も負いません。ご自身の責任と判断でご利用ください。
- 本書についての最新情報、訂正、重要なお知らせについては、下記Webページを開き、書名もしくはISBNで検索してください。ISBNで検索する際は-（ハイフン）を抜いて入力してください。
https://bookplus.nikkei.com/

Pythonデータ分析ハンズオンセミナー

2023年 8月14日　第1版第1刷発行

著　者　小川 英幸
発行者　中川 ヒロミ
編　集　仙石 誠
発　行　株式会社日経BP
発　売　株式会社日経BPマーケティング
〒105-8308 東京都港区虎ノ門4-3-12

装　丁　山之口 正和（OKIKATA）
デザイン　株式会社ランタ・デザイン
印刷・製本　図書印刷株式会社

ISBN978-4-296-07071-8
Printed in Japan